全国交通运输职业教育高职汽车运用与维修技术专业规划教材

机械识图
Jixie Shitu

全国交通运输职业教育教学指导委员会 **组织编写**

侯 涛 **主 编**

苏 渝 苏 艳 黄震国 **副主编**

李永芳 **主 审**

人民交通出版社股份有限公司
China Communications Press Co.,Ltd.

内 容 提 要

本书为全国交通运输职业教育高职汽车运用与维修技术专业规划教材。全书分为九个模块，内容主要包括：机械制图基础知识，点、直线和平面的投影，立体的投影，轴测投影图，机件的视图表达方法，零件图，公差与配合，标准件与常用件，装配图。

本书可作为高等职业院校汽车运用与维修技术专业、汽车检测与维修技术专业的教学用书，也可作为汽车检测与维修技术人员的培训教材。

图书在版编目（CIP）数据

机械识图/全国交通运输职业教育教学指导委员会组织编写；侯涛主编. —北京：人民交通出版社股份有限公司，2019.7
　ISBN 978-7-114-15508-6

Ⅰ.①机… Ⅱ.①全…②侯… Ⅲ.①机械图—识图—高等职业教育—教材 Ⅳ.①TH126.1

中国版本图书馆 CIP 数据核字（2019）第 082156 号

书　　名	机械识图
著 作 者	侯　涛
责任编辑	张一梅
责任校对	尹　静
责任印制	张　凯
出版发行	人民交通出版社股份有限公司
地　　址	(100011)北京市朝阳区安定门外外馆斜街 3 号
网　　址	http://www.ccpress.com.cn
销售电话	(010)59757973
总 经 销	人民交通出版社股份有限公司发行部
经　　销	各地新华书店
印　　刷	北京市密东印刷有限公司
开　　本	787×1092　1/16
印　　张	14
字　　数	314 千
版　　次	2019 年 7 月　第 1 版
印　　次	2019 年 7 月　第 1 次印刷
书　　号	ISBN 978-7-114-15508-6
定　　价	35.00 元

（有印刷、装订质量问题的图书由本公司负责调换）

前　言

　　为贯彻落实《国务院关于印发〈国家教育事业发展"十三五"规划〉的通知》（国发〔2017〕4号）精神，深化教育教学改革，提高汽车技术人才培养质量，满足创新型、应用型人才培养目标的需要，全国交通运输职业教育教学指导委员会组织来自全国交通职业院校的专业教师，按照教育部发布的《高等职业学校汽车运用与维修技术专业教学标准》的要求，紧密结合高职高专人才培养需求，编写了全国交通运输职业教育高职汽车运用与维修技术专业规划教材。

　　在本系列教材编写启动之初，全国交通运输职业教育教学指导委员会组织召开了全国交通运输职业教育高职汽车运用与维修技术专业规划教材编写大纲审定会，邀请行业内知名专家对该专业的课程体系和教材编写大纲进行了审定。教材初稿完成后，每种教材由一名资深专业教师进行主审，编写团队根据主审意见修改后定稿，实现了对书稿编写全过程的严格把关。

　　本系列教材在编写过程中，认真总结了全国交通职业院校的专业建设经验，注意吸收发达国家先进的职业教育理念和方法，形成了以下特色：

　　1. 与专业教学标准紧密衔接，立足先进的职业教育理念，注重理论与实践相结合，突出实践应用能力的培养，体现"工学结合"的人才培养理念，注重学生技能的提升。

　　2. 打破了传统教材的章节体例，采用模块式或单元+任务式编写体例，内容全面、条理清晰、通俗易懂，充分体现理实一体化教学理念。为了突出实用性和针对性，培养学生的实践技能，每个模块后附有技能实训；为了学习方便，每个模块后附有模块小结、思考与练习（每个单元后附有思考与练习）。

　　3. 在确定教材编写大纲时，充分考虑了课时对教学内容的限制，对教学内容进行优化整合，避免教学冗余。

　　4. 所有教材配有电子课件，大部分教材的知识点，以二维码链接动画或视频资源，做到教学内容专业化，教材形式立体化，教学形式信息化。

《机械识图》是本系列教材之一。全书由云南交通职业技术学院侯涛担任主编,云南交通职业技术学院苏渝、云南交通运输职业学院苏艳、云南交通职业技术学院黄震国担任副主编,青海交通职业技术学院李永芳担任主审。本教材的编写分工为:模块一、模块四由苏艳编写;模块二由黄震国编写;模块三、模块五、模块八由苏渝编写;模块六、模块七、模块九和附录由侯涛编写。侯涛负责全书的统稿。叶升强参与编写并协助整理资料。

由于编者水平和经验有限,书中难免存在不足或疏漏之处,恳请广大读者提出宝贵意见,以便进一步修改和完善。

全国交通运输职业教育教学指导委员会
2019 年 2 月

目　录

模块一　机械制图基础知识 ……………………………………………………… 1
  一、序言 ………………………………………………………………………… 1
  二、机械制图国家标准的基本规定 …………………………………………… 2
  三、常用绘图工具和仪器及其应用 …………………………………………… 7
  四、机械图样基本内容 ………………………………………………………… 11
  五、基本几何作图 ……………………………………………………………… 16
  模块小结 ………………………………………………………………………… 23
  思考与练习 ……………………………………………………………………… 24

模块二　点、直线和平面的投影 ………………………………………………… 25
  一、投影的概念 ………………………………………………………………… 25
  二、三视图的投影 ……………………………………………………………… 27
  三、点的投影 …………………………………………………………………… 31
  四、直线的投影 ………………………………………………………………… 34
  五、平面的投影 ………………………………………………………………… 39
  模块小结 ………………………………………………………………………… 44
  思考与练习 ……………………………………………………………………… 45

模块三　立体的投影 ……………………………………………………………… 47
  一、平面立体的投影 …………………………………………………………… 47
  二、回转立体的投影 …………………………………………………………… 51
  三、截交线与相贯线的投影 …………………………………………………… 55
  四、组合体的投影 ……………………………………………………………… 67
  五、组合体视图读图的基本方法 ……………………………………………… 74
  模块小结 ………………………………………………………………………… 76
  思考与练习 ……………………………………………………………………… 77

模块四　轴测投影图 ……………………………………………………………… 79
  一、轴测投影图基本知识 ……………………………………………………… 80
  二、正等轴测图 ………………………………………………………………… 81
  三、斜二测轴测图 ……………………………………………………………… 85
  模块小结 ………………………………………………………………………… 88

思考与练习 89

模块五　机件的视图表达方法 90
　　一、视图 90
　　二、剖视图 94
　　三、断面图 99
　　四、其他规定画法 101
　　五、各种表达方法的综合应用 104
　　模块小结 106
　　思考与练习 106

模块六　零件图 108
　　一、零件图的基本内容 108
　　二、零件图的表达方法 110
　　三、零件图的尺寸标注 114
　　四、零件图技术要求 118
　　五、零件图的识读方法 121
　　模块小结 123
　　思考与练习 123

模块七　公差与配合 125
　　一、尺寸公差及标注 125
　　二、形位公差及标注 135
　　三、表面粗糙度及标注 141
　　模块小结 149
　　思考与练习 152

模块八　标准件与常用件 154
　　一、螺纹及螺纹连接画法 155
　　二、齿轮及齿轮画法 163
　　三、键、销及其连接 167
　　四、弹簧及弹簧画法 170
　　五、滚动轴承及画法 173
　　模块小结 176
　　思考与练习 176

模块九　装配图 178
　　一、装配图的内容与作用 178
　　二、装配图的规定画法 180
　　三、常见装配结构 182
　　四、装配图的尺寸标注 184
　　五、装配图上的零件序号、标题栏及明细栏 185

六、装配图的技术要求	187
七、装配图的画法和步骤	188
八、装配图的识读	192
模块小结	194
思考与练习	196
附录一　螺纹	197
附录二　常用标准件	200
附录三　公差与配合	206
参考文献	216

模块一　机械制图基础知识

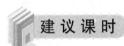

1. 熟悉《技术制图》《机械制图》的国家标准基本规定；
2. 掌握机械制图中图纸幅面、比例、字体、图线、尺寸标注等一般规定；
3. 能够认识常用绘图工具(图板、丁字尺、三角板、圆规、分规、绘图铅笔、擦图片等)，并掌握绘图工具的使用方法；
4. 掌握机械图样的基本内容；
5 熟练掌握几何作图方法。

建议课时

6课时。

一、序言

图样是生产中设计、制造和技术交流的重要技术文件和主要技术资料。机械识图中的图样如同语言、文字一样，是人们借以表达和交流技术的工具之一。为了便于指导生产和进行技术交流，原国家质量监督检验检疫总局颁布了国家标准《技术制图》和《机械制图》，国家标准对图样的表达和画法做出了统一的规定。在绘制、应用技术图样时，必须掌握和遵守国家标准的有关规定。

国家标准编号由 3 部分组成，即标准代号、标准顺序编号和批准年号。国家标准简称国标。国标中的每一个标准都有标准代号，如 GB/T 14689—2008，其中"GB"为国家标准代号，它是"国标"汉语拼音的缩写，"T"表示推荐性标准(如果不带"T"，则表示为国家强制性标准)，"14689"表示该标准的顺序编号，"2008"表示该标准是 2008 年颁布的。

我国于 1959 年颁发了第一个《机械制图》国家标准，为适应经济和科学技术的发展，加强与世界各国的技术交流，依据国际标准化组织 ISO 制定的相应国际标准，我国国家标准《技术制图》和《机械制图》先后作了多次修订。国家标准内容十分丰富和广泛，本书仅就《机械制图》和《技术制图》中常用制图规范予以介绍。

二、机械制图国家标准的基本规定

(一)图纸幅面及格式

1. 图纸幅面

为了合理利用图纸和便于图样管理,国家标准 GB/T 14689—2008 中规定了 5 种标准图纸的幅面,其代号分别为 A0、A1、A2、A3、A4。绘图时应优先选用表 1-1 所示的幅面尺寸,A0 幅面最大,A4 最小。A0 幅面以长边对折一半可到 A1 幅面,A1 幅面以长边对折一半可到 A2 幅面,其余以此类推,A0 幅面可得到 16 张 A4 幅面。必要时,也允许以基本幅面的短边的整数倍加长幅面。

幅面尺寸及图框尺寸(单位:mm)　　　　表 1-1

幅面代号	A0	A1	A2	A3	A4
$B \times L$	841×1189	594×841	420×594	297×420	210×297
a	25				
c	10			5	
e	20		10		

注:机械制图中所有单位均是毫米,如果没有特殊说明,故图表中不标注单位。

2. 图框格式

国家标准 GB/T 14689—2008 规定图框格式分为留装订边和不留装订边两种,可根据图样的实际情况选择横放或竖放,如图 1-1 和图 1-2 所示,其尺寸均按表 1-1 中的规定。无论图纸是否装订,都必须用粗实线画出图框,但应注意,同一产品的图样只能采用一种格式。

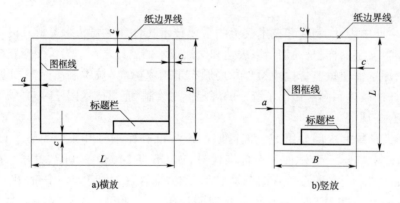

图 1-1　留装订边

(二)标题栏

国家标准 GB/T 10609.1—2008 规定每张图样上都应有标题栏,配置在图纸的右下角,用来填写图样上的综合信息,其格式及尺寸如图 1-3 所示。标题栏中文字方向必须与看图方向一致,即标题栏中的文字方向为读图方向。

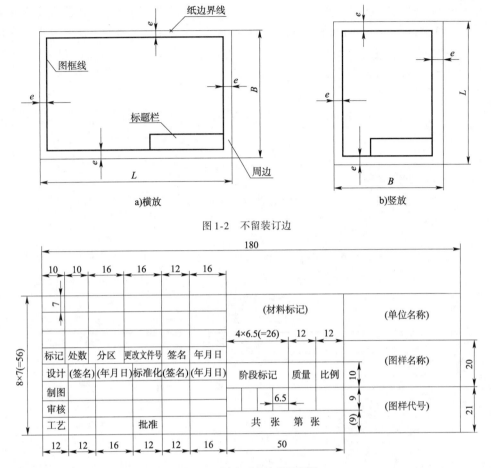

图 1-2 不留装订边

图 1-3 国家标准规定的标题栏

在学校的制图作业中标题栏也可采用图 1-4 所示的简化形式。

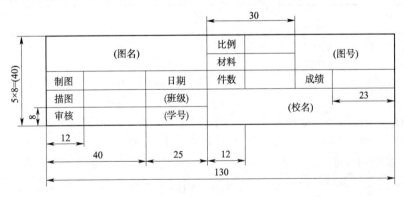

图 1-4 简化的标题栏

(三)比例

图样中机件要素的线性尺寸与实际机件相应要素的线性尺寸之比称为比例,即比例 = 图形中线性尺寸大小:实物上相应线性尺寸大小。

国家标准 GB/T 14690—1993 规定比例一般分为原值比例、缩小比例及放大比例 3 种类型。绘制图样时,尽可能采用原值比例,以便从图中看出实物的大小。根据需要也可采用放大或缩小的比例,但不论采用何种比例,图中所注尺寸数字仍为机件的实际尺寸,与图形的比例及角度无关,如图 1-5 所示。

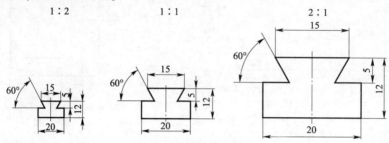

图 1-5　不同比例画出的图形

绘制同一机件的各个视图应采用相同的比例,并在标题栏中统一填写比例,当某个视图采用了不同的比例时,必须在该图形的上方加以标注。常用的比例见表 1-2,应优先采用第一系列。

比例系列　　　　　　　　　　　　　　　表 1-2

种　类	第 一 系 列	第 二 系 列
原值比例	1:1	—
放大比例	2:1　　5:1 $1 \times 10^n:1$　　$2 \times 10^n:1$ $5 \times 10^n:1$	2.5:1　　4:1 $2.5 \times 10^n:1$　　$4 \times 10^n:1$
缩小比例	1:2　　1:5 1:10　　$1:2 \times 10^n$ $1:5 \times 10^n$ $1:1 \times 10^n$	1:1.5　　1:1.25　　1:3 $1:1.5 \times 10^n$　　$1 \times 2.5 \times 10^n$ $1:3 \times 10^n$　　$1:4 \times 10^n$ $1:6 \times 10^n$

注:n 为正整数。

(四) 字体

图样中除图形外,还需用汉字、数字和字母等进行标注或说明,它是图样的重要组成部分。国家标准 GB/T 14691—1993 规定字体包括汉字、数字及字母。

(1) 图样中书写的字体必须做到:字体端正、笔画清楚、排列整齐、间隔均匀。

(2) 字体的号数即字体的高度(单位为毫米),分别为 20、14、10、7、5、3.5、2.5、1.8 等 8 种,字体的宽度约等于字体高度的 2/3。数字及字母的笔画宽度约为字高的 1/10。

(3) 汉字。汉字应写成长仿宋字体,并应采用国家正式公布的简化字。汉字要求写得整齐匀称。书写长仿宋体的要领为:横平竖直、注意起落、结构匀称、填满方格。图 1-6 所示为长仿宋体字示例。

(4) 数字及字母。数字及字母有直体和斜体之分。在图样中通常采用斜体。斜体字的字头向右倾斜,与水平线成 75°角。数字和字母的笔画粗度约为字高的 1/10。国家标准规定的数字和字母的书写形式如图 1-7 所示。

<u>10号字</u>
字体工整　笔画清楚
间隔均匀　排列整齐

<u>7号字</u>
横平竖直　注意起落　结构均匀　填满方格

<u>5号字</u>
国家标准机械制图技术要求公差配合表面粗糙度倒角其余

图 1-6　长仿宋字体示例

ABCDEFGHIJKLMNOPQRSTUVWXYZ
ABCDEFGHIJKLMNOPQRSTUVWXYZ
abcdefghijklmnopqrstuvwxyz
abcdefghijklmnopqrstuvwxyz

Ⅰ Ⅱ Ⅲ Ⅳ Ⅴ Ⅵ Ⅶ Ⅷ Ⅸ Ⅹ
Ⅰ Ⅱ Ⅲ Ⅳ Ⅴ Ⅵ Ⅶ Ⅷ Ⅸ Ⅹ

1 2 3 4 5 6 7 8 9 0
1 2 3 4 5 6 7 8 9 0

图 1-7　字母、罗马数字、阿拉伯数字示例

(五) 图线

1. 基本线型

国家标准 GB/T 4457.4—2002 规定,图线有 3 粗 6 细共 9 种,其线型、名称以及在图样中的应用见表 1-3。

基本线型及应用　　　　　　表 1-3

图线名称	线型	线宽	一般应用
粗实线	———————	d	(1) 可见轮廓线; (2) 螺纹牙顶线; (3) 螺纹终止线、齿顶圆线
细实线	———————	$d/2$	(1) 尺寸线、尺寸界线; (2) 剖面线、重合断面轮廓线; (3) 可见过渡线、引出线、螺纹牙底线
细虚线	- - - - - - -	$d/2$	(1) 不可见轮廓线; (2) 不可见过渡线

续上表

图线名称	线型	线宽	一般应用
细点画线	—— · —— · ——	$d/2$	(1)轴线; (2)对称中心线; (3)分度圆(线)
波浪线	～～～～	$d/2$	(1)断裂处边界线; (2)局部剖视的分界线
双折线	～/＼～/＼～	$d/2$	(1)断裂处边界线; (2)视图与局部剖视图的分界线
细双点画线	—— ·· —— ·· ——	$d/2$	(1)相邻辅助零件的轮廓线; (2)可动零件的极限位置的轮廓线、轨迹线
粗虚线	- - - - - - - -	d	允许表面处理的表示线
粗点画线	—— · —— · ——	d	有限定范围表示线(特殊要求)

2. 图线宽度

在机械图样中采用粗、细两种线宽,它们之间的比例为2:1。粗线的宽度为 d,应根据图形的大小和复杂程度,在以下系列参数中选择:0.13、0.18、0.25、0.35、0.5、0.7、1、1.4、2mm。通常情况下,粗线的宽度可在 0.5~2mm 选择,细线的宽度为 $d/2$。在同一图样中,同类图线的宽度应一致。图1-8 所示为常用几种图线的综合应用举例。

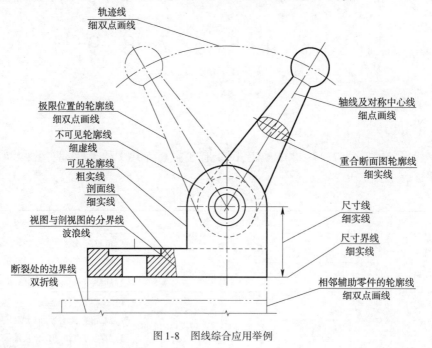

图 1-8 图线综合应用举例

3. 图线的画法

(1)同一图样中同类图线的宽度应基本一致。虚线、点画线及双点画线的线段长度和间隔应各自大致相等。

(2) 绘制圆的对称中心线时,圆心应为线段的交点。中心线应超出图形外 2~5mm。点画线和双点画线的首末两端应是线段而不是点,如图 1-9 所示。

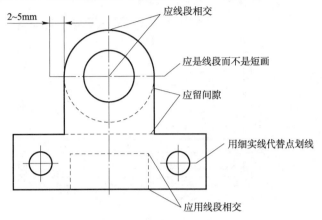

图 1-9　图线画法的注意事项

(3) 两条平行线(包括剖面线)之间的距离不得小于 0.7mm。

(4) 虚线、点画线、双点画线相交时,应该是线段相交。当虚线是粗实线的延长线时,连接处应留出空隙,如图 1-10 所示。

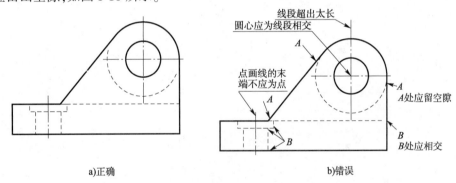

图 1-10　图线交接处的画法

(5) 在较小的图形上绘制点画线或双点画线有困难时,可用细实线代替。当各种线型重合时,应按粗实线、虚线、点画线的优先顺序画出。

三、常用绘图工具和仪器及其应用

掌握常用绘图工具和仪器的使用方法是一名工程技术人员必备的基本素质,正确使用绘图工具对提高制图速度和图面质量起着重要的作用,常用的制图工具主要有:图板、丁字尺、三角板、圆规、分规、比例尺、曲线板、擦图片、绘图铅笔、绘图橡皮、胶带纸、削笔刀等。

(一) 图板、丁字尺、三角板

图板是用于铺放、固定图纸用的一张光滑矩形木板。丁字尺由尺头和尺身两部分组成。尺身的上边为工作边,与图板配合使用,主要用来画水平线或垂直线。使用时,将尺头的内侧边紧贴图板的导向边,上下移动丁字尺,自左向右画出不同位置的水平线,如图1-11所示。

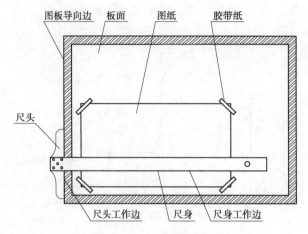

图1-11 图板和丁字尺

一副三角板由45°等腰直角三角形和30°、60°直角三角形各一块组成。利用三角板的不同角度与丁字尺配合,可画垂直线及15°倍角的倾斜线,如图1-12a)所示;或用两块三角板配合可画任意角度的平行线,如图1-12b)所示。

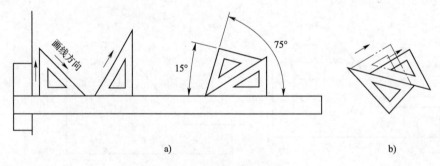

图1-12 丁字尺和三角板的使用

(二)铅笔和铅芯

在绘制机械图样时要选择专用的"绘图铅笔",一般需要准备以下几种型号的绘图铅笔:

(1)2B、B 或 HB——用来画粗实线。

(2)HB——用来画细实线、点画线、双点画线、虚线和写字。

(3)H 或 2H——用来画底稿。

H 前的数字越大,铅芯越硬,画出来的图线就越淡;B 前的数字越大,铅芯越软,画出来的图线就越黑。用于画粗实线的铅笔和铅芯应磨成矩形断面,其余的磨成圆锥形,如图1-13所示。

(三)圆规和分规

圆规、分规是绘图的常用工具。主要有以下几种,如图1-14所示。

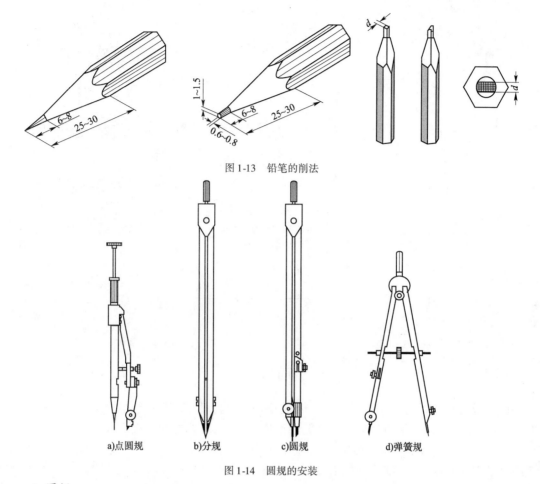

图 1-13 铅笔的削法

a)点圆规　　b)分规　　c)圆规　　d)弹簧规

图 1-14 圆规的安装

1. 圆规

圆规是画圆和圆弧的工具。

铅芯的安装调整。安装时调整铅芯的长度,使针尖略长于铅芯,以便在画圆或圆弧时,将针尖插入图纸,以针尖为圆心。铅芯端头削成夹角为 20°左右的锐角,斜面安装在圆规的外侧,如图 1-15 所示。由于绘图时圆规铅芯一端不宜受较大的力,因而圆规铅芯材料的选择应比相应绘图铅笔铅芯软一号。

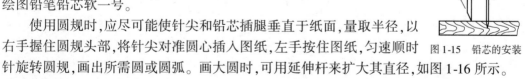

图 1-15 铅芯的安装

使用圆规时,应尽可能使针尖和铅芯插腿垂直于纸面,量取半径,以右手握住圆规头部,将针尖对准圆心插入图纸,左手按住图纸,匀速顺时针旋转圆规,画出所需圆或圆弧。画大圆时,可用延伸杆来扩大其直径,如图 1-16 所示。

2. 分规

分规是用来量取尺寸和等分线段的工具。为了准确地度量尺寸,分规两腿端部的针尖应平齐,如图 1-17 所示。用分规在尺子上或图上量取尺寸或线段的方法及等分线段的方法如图 1-18 所示。等分线段时,将分规两针尖调整到所需的距离,然后用右手拇指和食指捏住分规手柄,使分规两针尖沿线段交替旋转前行等分线段,如图 1-18 所示。

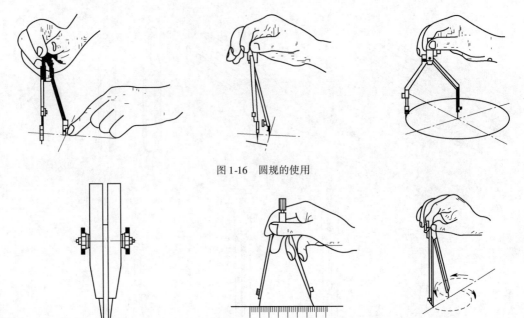

图 1-16　圆规的使用

图 1-17　分规两腿的调整　　　　图 1-18　分规量取尺寸和线段

(四) 曲线板

曲线板是一种具有不同曲率半径的模板,用来绘制各种非圆曲线。使用曲线板时,应先画出曲线上若干点,徒手用铅笔把各点轻轻地连接起来,再选择曲线板上曲率合适的部分逐段描绘,如图 1-19 所示。每一段中,至少有 3 个以上点与曲线板吻合,每描一段线要比曲线板吻合的部分稍短,留一部分待在下一段中与曲线板再次吻合后描绘(即找四连三,首尾相叠),这样才能使所画的曲线连接光滑。

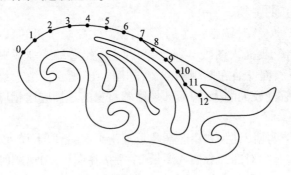

图 1-19　曲线板及其使用

(五) 其他绘图工具

比例尺有三棱式和板式两种,如图 1-20a)所示。比例尺的尺面上有各种不同比例的刻度。在用不同比例绘制图样时,只要在比例尺上的相应比例刻度上直接量取,省去了麻烦的计算,能加快绘图的速度,如图 1-20b)所示。

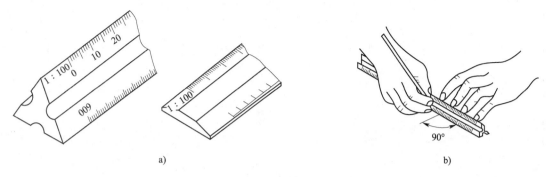

图 1-20 比例尺

绘图模板是一种快速绘图工具，上面有多种镂空的常用图形、符号或字体等。能够方便地绘制针对不同专业的图案，如图 1-21a) 所示。使用时笔尖应紧靠模板，才能使画出的图形整齐、光滑。量角器用来测量角度，如图 1-21b) 所示。擦图片是用来防止擦去错误线条或多余线条时把有用的线条也擦去的一种防护工具，如图 1-21c) 所示。

图 1-21 其他绘图工具

另外，在绘图时，还需要准备削铅笔刀、橡皮、固定图纸用的塑料透明胶纸、磨铅笔用的砂纸以及清除图画上橡皮屑的小刷等。

计算机绘图是近年发展起来的一种新型绘图方法，随着计算机技术的应用，计算机绘图技术也逐渐得到推广普及。

四、机械图样基本内容

机械图样由图形、符号、文字和尺寸等组成，是表达设计意图和制造要求，以及交流经验的技术文件，常被称为工程界的语言。机械图样主要有零件图和装配图，一张完整的零件图包括：一组视图、完整的尺寸、技术要求、标题栏等，如图 1-22 所示。一张完整的装配图包括：一组图形、必要尺寸、技术要求、标题栏、编号和明细栏等，如图 1-23 所示。

图样是依照机件的结构形状和尺寸大小按适当比例绘制的，图形只能反映物体的结构形状，物体的真实大小要靠所标注的尺寸来决定。在图样中，除需要表达机件的结构形状外，还需要标注尺寸。国家标准《机械制图 尺寸注法》（GB/T 4458.4—2003）规定了图样中标注尺寸的规则和方法，绘图时必须严格遵守。

1. 标注尺寸的基本规则

（1）机件的真实大小，应以图样上所注的尺寸数值为依据，与图形的大小（即所采用的比例）和绘图的准确度无关。

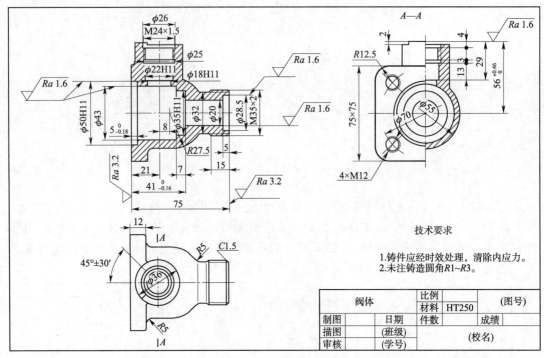

图 1-22 零件图

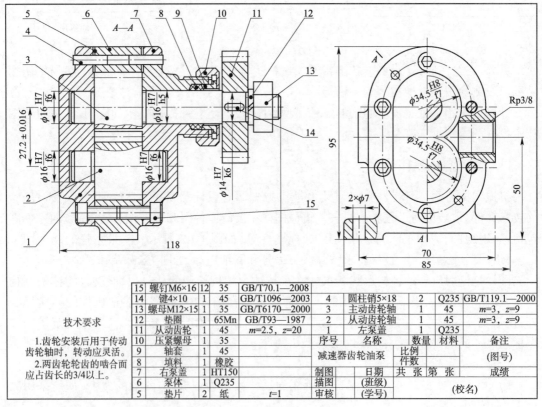

图 1-23 装配图

(2)图样中的尺寸,以毫米为单位时,不需标注计量单位的代号或名称。如果采用其他单位,则必须注明相应的计量单位的代号或名称。

(3)图样中所标注的尺寸,为该图样所示机件的最后完工尺寸,否则应另加说明。

(4)机件的每一尺寸,一般只标注一次,并应标注在反映该结构最清晰的图形上。

2.尺寸标注的组成

一个完整的尺寸,由尺寸数字、尺寸线、尺寸界线和尺寸的终端(箭头或斜线)组成,如图1-24所示。

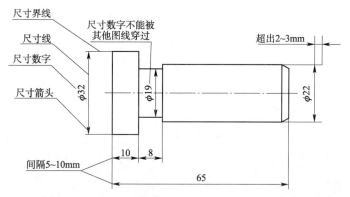

图1-24 尺寸标注的组成

(1)尺寸界线。表示尺寸的度量范围,用细实线绘制,并应由图形的轮廓线、轴线或对称中心线处引出。也可利用轮廓线、轴线或对称中心线作尺寸界线。当表示曲线轮廓上各点的坐标时,可将尺寸线或其延长线作为尺寸界线。尺寸界线一般应与尺寸线垂直,并超出尺寸线 2~3mm,必要时允许倾斜,但两尺寸线必须相互平行,如图1-25中 $\phi70$。

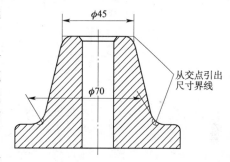

图1-25 尺寸界线的标注

(2)尺寸线。表示尺寸度量的方向,用细实线绘制,尺寸线必须单独画出,不能用其他图线代替。一般也不得与其他图线重合或画在其延长线上。标注线性尺寸时,尺寸线必须与所标注的线段平行。在同一图样中,尺寸线与轮廓线以及尺寸线与尺寸线之间的距离应大致相当,一般以不小于5mm为宜,如图1-26所示。

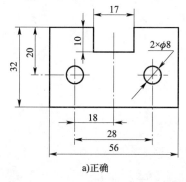

a)正确

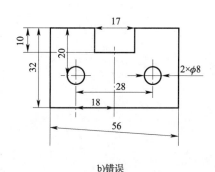

b)错误

图1-26 尺寸线的标注

(3)尺寸终端有箭头和斜线两种形式,如图1-27所示。箭头的形式如图1-27a)所示,其尖端应与尺寸线接触,箭头长度约为粗实线宽度的6倍。斜线终端如图1-27b)所示,用细实线绘制,必须在尺寸线与尺寸界线相互垂直时才能使用,方向以尺寸线为基准,逆时针旋转45°画出。

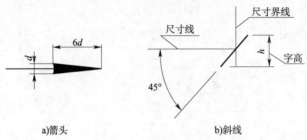

图1-27 尺寸线终端

d-粗实线宽度

当采用箭头终端形式,遇到位置不够画出箭头时,允许用圆点或斜线代替箭头,如图1-28所示。

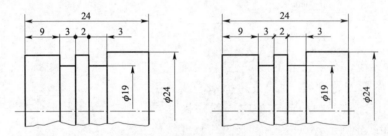

图1-28 用圆点或斜线代替箭头

(4)尺寸数字。用来标注机件的实际尺寸大小。线性尺寸的数字一般应注写在尺寸线的上方,或注写在尺寸线的中断处,尺寸数字不可被任何图线所穿过,如图1-24所示。

线性尺寸的数字方向一般应按图1-29a)所示方向注写,即水平方向的尺寸数字字头朝上,垂直方向的尺寸数字字头朝左,倾斜方向尺寸数字字头有朝上的趋势。应避免在图示30°范围内标注尺寸,当无法避免时,可按图1-29b)的形式标注。

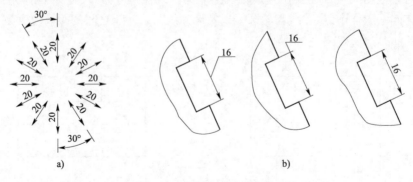

图1-29 线性尺寸数字的方向

3. 常用尺寸注法

在实际绘图中,尺寸标注的形式很多,常用尺寸的标注方法见表1-4。

常用尺寸的注法　　　　　　　　　　　　　　　　　　　　　　表 1-4

尺寸种类	图例	说明
圆和圆弧	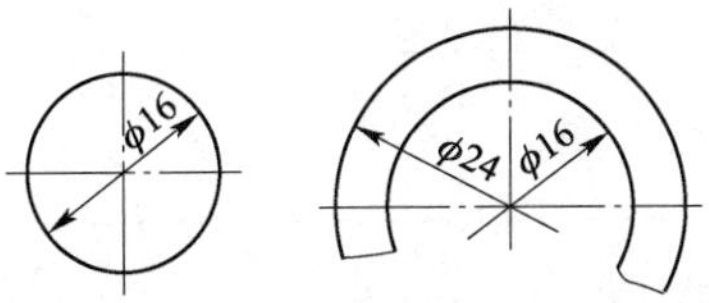	(1) 在直径、半径尺寸数字前,分别加注符号 ϕ、R。 (2) 尺寸线应通过圆心(对于直径)或从圆心画出(对于半径)
大圆弧	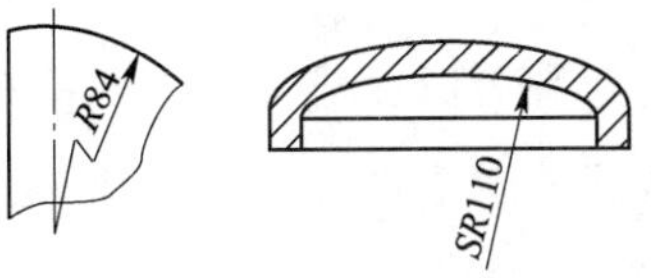	(1) 需要标明圆心位置,但圆弧半径过大,在图样范围内又无法标出其圆心位置时,用左图。 (2) 不需标明圆心位置时,用右图
角度	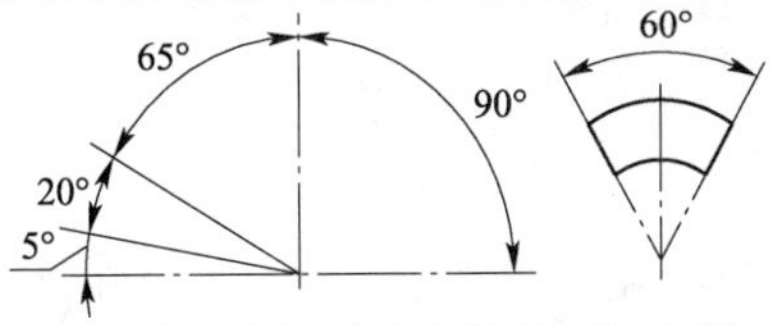	(1) 尺寸界线沿径向引出,尺寸线为以角度顶点为圆心的圆弧; (2) 尺寸数字一律水平书写,一般写在尺寸线的中断处,也可注在外边或引出标注
小尺寸和小圆弧	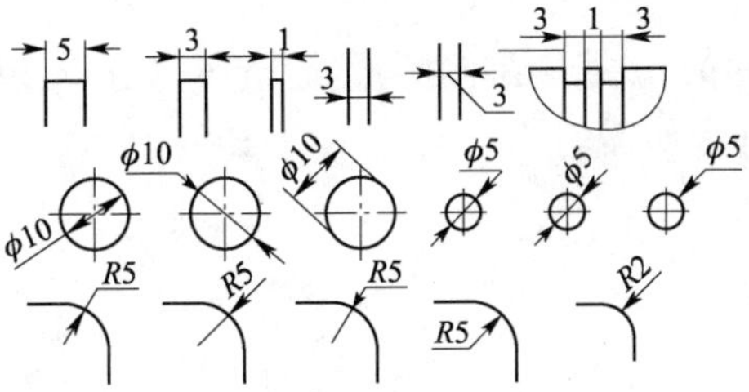	(1) 位置不够时,箭头可画在外边,允许用小圆点或斜线代替两个连续尺寸间的箭头; (2) 特殊情况下,标注小圆的直径允许只画一个箭头;有时为了避免产生误解,可将尺寸线断开
对称尺寸	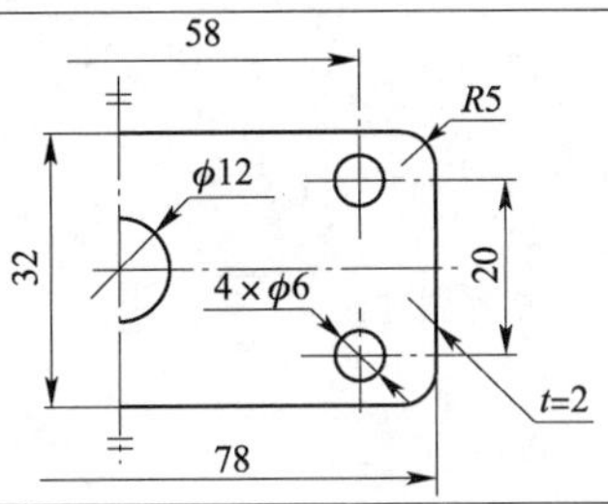	对称机件的图形如只画出一半或略大于一半时,尺寸线应略超过对称中心线或断裂线,此时只在靠尺寸界线的一端画出箭头
球面	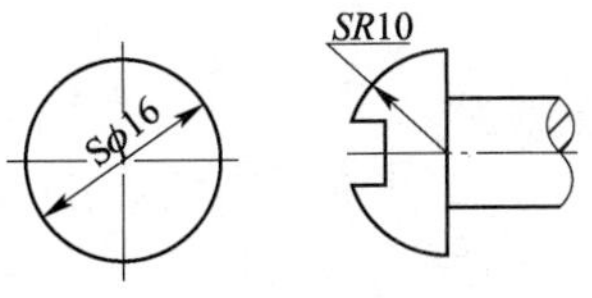	一般应在"ϕ"或"R"前面加注符号"S"。但在不致引起误解的情况下,也可不加注
弧长和弦长	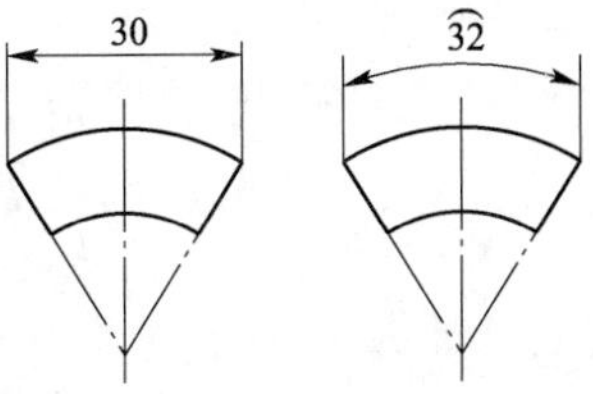	(1) 尺寸界线应平行于该弦的垂直平分线; (2) 表示弧长的尺寸线用圆弧,同时在尺寸数字上加注"⌒"

4. 标注尺寸的符号及缩写词

标注尺寸的符号及缩写词应符合表 1-5 的规定。

尺寸标注常用符号及缩写词　　　　　　　　　　　表 1-5

名词	直径	半径	球直径	球半径	厚度	正方形	45°倒角	深度	沉孔或锪平	埋头孔	均布
符号或缩写词	ϕ	R	$S\phi$	SR	t	□	C	▼	⊔	∨	EQS

五、基本几何作图

机件的形状虽然多种多样，但任何平面图形都可以看成是由一些简单几何图形组成的。几何作图是依据给定条件，准确绘出预定的几何图形。常用的几何作图有等分线段、等分圆周、斜度与锥度、圆弧连接、椭圆等。

(一) 等分线段

已知线段 AB，现将其等分成 5 份，作图过程如图 1-30 所示。

(1) 过 AB 线段的一个端点 A 作一与其成一定角度的射线 AC，然后在此线段上用分规截取 5 等份，如图 1-30a) 所示。

(2) 将最后的等分点 5 与线段 AB 的另一端点 B 连接，然后过各等分点作此线 $5B$ 的平行线与原线段 AB 的交点 $4'$、$3'$、$2'$、$1'$，即为所需的等分点，如图 1-30b) 所示。

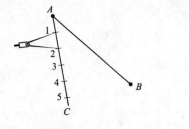
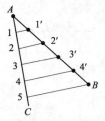

图 1-30　等分线段的作图过程

(二) 等分圆周作正多边形

1. 三等分圆周及作正三边形

如图 1-31 所示，以 1 点为圆心，R 为半径画圆弧交于 3、4 点，连接 2、3、4 点即得圆的内接正三边形。以 2 点为圆心，同样的作图方法可作出反向的正三边形，如图 1-31 所示的双点画线正三边形。

2. 五等分圆周及作正五边形

如图 1-32 所示，平分半径 OB 得点 M，以 M 为圆心，MC 为半径画圆弧与 OA 交于点 N，以 CN 为边长等分圆周得 E、F、G、H 点，各点依次连线即得正五边形。

3. 六等分圆周及作正六边形

已知一半径为 R 的圆，求六等分圆周及作正六边形。用圆规作图分别以圆的直径两端 A 和 D 为圆心，以 R 为半径画弧交圆周于 B、F、C、E，依次连接 A、B、

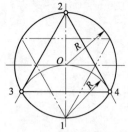

图 1-31　三等分圆周

C、D、E、F、A，即得所求正六边形，如图 1-33a)所示。用三角板配合丁字尺作图，用 30°和 60°三角板与丁字尺配合，也可作圆内接正六边形或外切正六边形，如图 1-33b)所示。

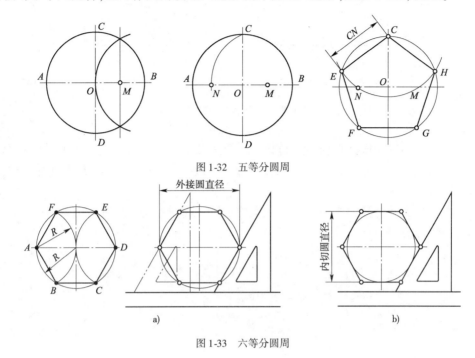

图 1-32　五等分圆周

图 1-33　六等分圆周

（三）斜度与锥度

1. 斜度

斜度是指一直线对另一直线或一平面对另一平面的倾斜程度，如图 1-34a)所示，其大小用两直线（或平面）夹角 α 的正切来表示，通常以 $1:n$ 的形式标注，即 $\tan\alpha = BC:AB = H:L = 1:n$。

标注斜度时，在数字前应加注符号"∠"，符号"∠"的指向应与直线或平面倾斜的方向一致，如图 1-34b)所示，其中 h 为字高。

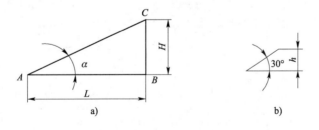

图 1-34　斜度的表示及符号

如图 1-35 所示，斜度为 1:6 的方斜垫圈的作图方法是：

（1）先过点 A 作 $CA \perp AB$，且 AC 为 10mm。

（2）以 A 为起点，任意长为一个单位在 AB 上截取 6 个单位的等分点。

（3）以 6 点为起点作垂直方向的 1 个单位的等分点 1。

（4）连接 $A1$，作 $CD \parallel A1$，即得所求斜度为 1:6 的斜线 CD，标注方法如图 1-35 所示。

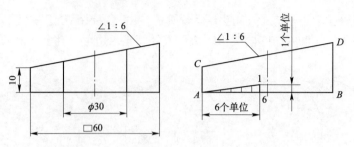

图1-35　方斜垫圈的斜度为1:6作图方法及标注

2. 锥度

锥度是指正圆锥的底圆直径 D 与该圆锥高度 L 之比；而对于圆台，则为上下两圆直径之差 $D-d$ 与圆台高度 l 之比，即锥度 $= 2\tan\alpha = D:L = (D-d):l = 1:n$。（其中 α 为 1/2 锥顶角），如图1-36a)所示。

锥度在图样上的标注形式为 $1:n$，且在此之前加注符号"◁"，如图1-36b)所示。符号尖端方向应与物体锥顶方向一致。

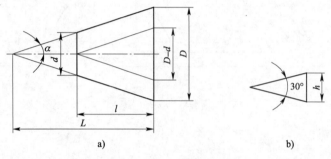

图1-36　锥度的表示及符号

若要求作一锥度为 1:5 的圆台锥面，且已知底圆直径、圆台高度，则其作图方法如图1-37所示。以 D 为起点，任意长为一个单位在 DC 上截取 5 个单位的等分点；再以 D 点为起点在竖直方向分别取半个等分点，连线得 1:5 的锥度线，分别过已知点 A、B 作 1:5 的锥度线的平行线，即得所求锥度为 1:5 的圆台锥面，标注方法如图1-37所示。

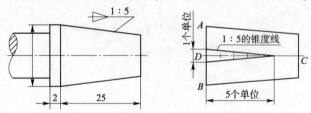

图1-37　圆台锥面的锥度为1:5的作图方法及标注

（四）圆弧连接

在工作和生活中，经常见到外部轮廓非常圆滑的零件，如图1-38所示。机械图样中的大多数图形也是由直线与圆弧，圆弧与圆弧连接而成的。用线段（圆弧或直线段）光滑连接两已知线段（圆弧或直线段）称为圆弧连接。圆弧连接可以用圆弧连接两条已知直线、两已知圆弧或一直线一圆弧，也可用直线连接两圆弧，如图1-39所示。

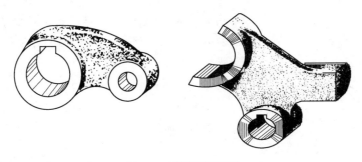

图 1-38 圆弧连接的零件

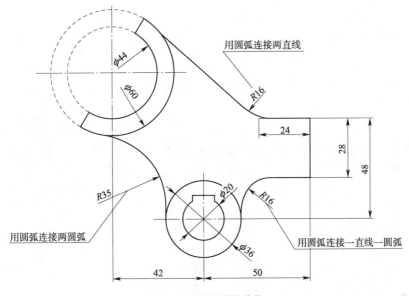

图 1-39 圆弧连接的分类

连接圆弧需要光滑连接已知直线或圆弧,光滑连接也就是要在连接点处相切。为了保证相切,必须准确地作出连接圆弧的圆心和切点。

1. 圆弧连接两条已知直线

用半径为 R 的连接圆弧,连接两已知直线,其作图过程如图 1-40 所示,步骤为:

(1) 求连接弧的圆心:作与两已知直线分别相距为 R 的平行线 Ⅰ、Ⅱ,交点 O 即为连接圆弧圆心。

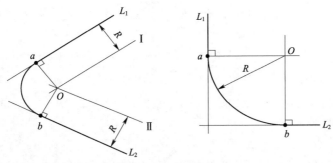

图 1-40 圆弧连接两已知直线

(2)求连接弧的两切点:从圆心 O 分别向两直线作垂线,垂足 a、b 即为切点。

(3)以 O 为圆心,R 为半径在两切点 a、b 之间作圆弧,即为所求的连接圆弧。

2. 圆弧连接已知直线和圆弧

用半径为 R 的连接圆弧,连接半径为 R_1 的圆弧和直线 L,其作图过程如图 1-41 所示,其步骤为:

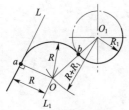

图 1-41 圆弧连接已知直线和圆弧

(1)求连接弧的圆心:作直线 L 的平行线 L_1,两平行线间的距离为 R。

(2)以 O_1 为圆心,以 $R+R_1$ 为半径画弧与直线 L_1 交点 O 即为连接弧 R 的圆心。

(3)求连接圆弧的两切点:从点 O 向直线 L 作垂直线得垂足 a,连接两圆心 O、O_1 与已知弧相交得交点 b。点 a、b 即为所求的两切点。

(4)以 O 为圆心,R 为半径作圆弧 $\widehat{ab}$,该弧即为所求的连接圆弧。

3. 圆弧连接两已知圆弧

1)外连接

外连接是两相切圆弧的圆心在切点的两侧,确定连接圆弧的圆心时,利用已知圆弧的圆心作同心圆,半径相加。作图过程如图 1-42 所示,步骤为:

(1)求连接圆弧的圆心:以 O_1 为圆心,$R+R_1$ 为半径画弧,以 O_2 为圆心,$R+R_2$ 为半径画弧,两圆弧的交点 O 即为连接圆弧的圆心。

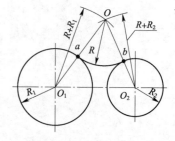

图 1-42 两已知圆弧的外连接

(2)求连接弧的两切点:连接 O、O_1 得点 a,连接 O、O_2 得点 b。点 a、b 即为所求两切点。

(3)以 O 为圆心,R 为半径画圆弧 $\widehat{ab}$,该弧即为所求的连接圆弧。

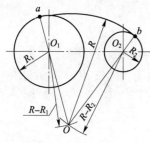

图 1-43 两已知圆弧的内连接

2)内连接

内连接是两相切圆弧的圆心在切点的同一侧,确定连接圆弧的圆心时,利用已知圆弧的圆心作同心圆,连接圆弧的半径减已知圆弧的半径为半径。作图过程如图 1-43 所示,步骤为:

(1)求连接弧的圆心:以 O_1 为圆心,$R-R_1$ 为半径画弧,以 O_2 为圆心,$R-R_2$ 为半径画弧,两圆弧的交点 O 即为连接弧的圆心。

(2)求连接弧的两切点:连接 O、O_1 并延长得点 a,连接 O、O_2 并延长得点 b,点 a、b 即为所求两切点。

(3)以 O 为圆心,R 为半径画圆弧 $\widehat{ab}$,该弧即为所求的连接弧。

(五)椭圆画法

椭圆是一种常见的几何图形,画椭圆的方法通常用四心近似法,如图 1-44 所示。作图步骤如下:

（1）已知长、短轴 AB、CD，连接 AC，以 O 为圆心、OA 为半径画圆弧交短轴 CD 于点 E。

（2）以点 C 为圆心、CE 为半径画圆弧交 AC 于点 F。

（3）作 AF 的垂直平分线，分别交长、短轴于点 1 和 2，并求出它们的对称点 3 和 4。

（4）分别以点 1、2、3、4 为圆心，1A、2C、3B、4D 为半径画弧，并相切于点 K、N、N_1、K_1，即得近似椭圆。

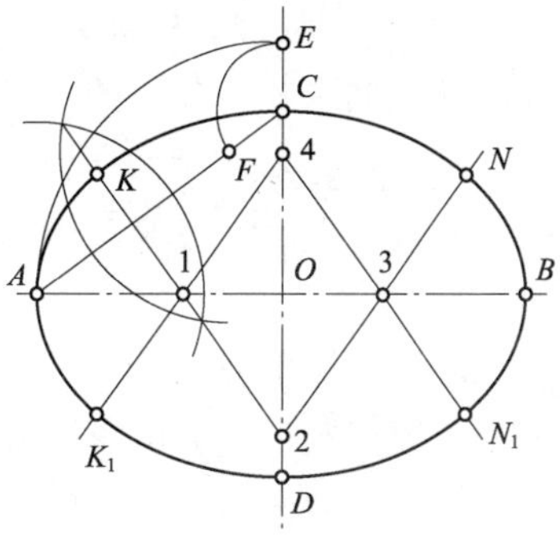

图 1-44　椭圆四心近似法

（六）平面图形的绘制

1. 平面图形的尺寸分析

（1）尺寸基准。标注尺寸的起点，称为尺寸基准。分析尺寸时，首先要查找尺寸基准。通常以图形的对称轴线、较大圆的中心线、图形轮廓线作为尺寸基准。一个平面图形具有两个坐标方向的尺寸，每个方向至少要有一个尺寸基准。尺寸基准常常也是画图的基准。画图时，要从尺寸基准开始画，如图 1-45 所示。

（2）尺寸分类。根据尺寸的作用，平面图形中的尺寸可分为两类：

①定形尺寸。确定平面图形中几何元素大小的尺寸称为定形尺寸，如圆的直径、圆弧半径、直线的长度、角度大小等均属定形尺寸，如图 1-45 中 $\phi27$、$R32$ 等所示。

②定位尺寸。确定平面图形中几何元素间相对位置的尺寸称为定位尺寸，如圆心、封闭线框、线段等在平面图形中的位置尺寸，如图 1-45 中 6、10、60 所示。

2. 平面图形的线段分析

根据图中所给定的尺寸，线段分为三类：

（1）已知线段。已知线段有足够的定形尺寸和定位尺寸，能直接画出的线段，如图 1-46 的 $\phi27$、$R32$ 线段等所示。

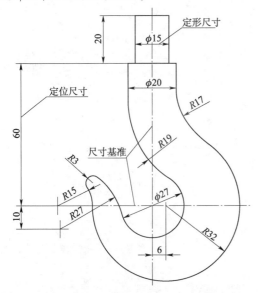

图 1-45　吊钩平面图形尺寸分析

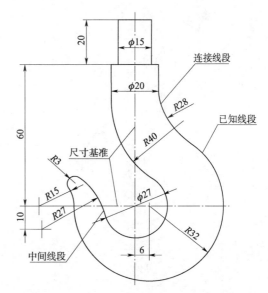

图 1-46　吊钩平面图形线段分析

(2) 中间线段。中间线段有定形尺寸,但缺少一个定位尺寸,必须依靠其与一端相邻线段的连接关系才能画出的线段,如图 1-46 的线段 $R15$、$R27$ 所示。

(3) 连接线段。连接线段只有定形尺寸,而无定位尺寸(或不标任何尺寸,如公切线)的线段,也必须依靠其余两端线段的连接关系才能确定画出,如图 1-46 线段 $R3$、$R28$、$R40$ 所示。

3. 平面图形的绘图方法与步骤

一般从图形的基准线画起,再按已知线段、中间线段、连接线段的顺序作图。对圆弧来说,先画已知圆弧,再画中间圆弧,最后画连接圆弧,如图 1-47 所示。

吊钩绘图步骤:

(1) 先选择水平和垂直方向的基准线,如图 1-47a) 所示。

(2) 确定图形中尺寸、各线段的性质。

(3) 按已知线段、中间线段、连接线段的次序逐个画出线段并标注尺寸,如图 1-47 b)、e) 所示。

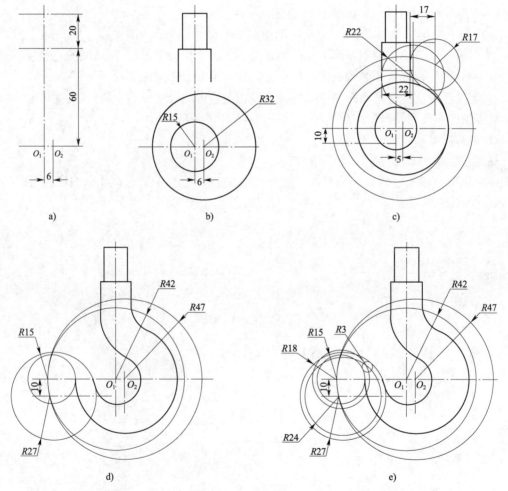

图 1-47 吊钩平面图形的画图步骤

以图 1-47 所示的吊钩平面图形为例,画图步骤:

(1) 根据图形大小选择比例及图纸幅面、基准选择下部圆弧中心 O_1、O_2。

(2) 根据各组成部分的尺寸关系确定作图基准、总体布局,先画定位线如图1-47a)所示的定位尺寸6、20、60。

(3) 依次画已知线段、中间线段和连接线段,如图1-47b)、e)所示。

(4) 将图线加粗加深,先画弧,后画直线;由上而下先画水平线,后由左到右画垂线。

(5) 标注尺寸。为提高绘图速度,可一次完成。

(6) 填写标题栏及其他说明文字应该按工程字要求写。

(7) 修饰并校正全图。

模 块 小 结

(一) 机械制图国家标准的基本规定

(1) 图纸幅面按尺寸大小可分为5种,图纸幅面代号分别为A0、A1、A2、A3、A4。

(2) 标题栏位于图纸的右下角,标题栏中的文字方向为与看图方向一致。

(3) 绘图比例是指图中图形尺寸与实物尺寸之比。如1∶2是属于缩小比例,2∶1是属于放大比例。图样无论采用哪种比例,图样上标注的尺寸都是机件的实际尺寸。

(4) 常用的图线有粗实线、细实线、虚线、细点画线。图样中,机件的可见轮廓线用粗实线画出,不可见轮廓线用虚线画出,尺寸线和尺寸界线用细实线画出,对称中心线和轴线用细点画线画出。

(5) 图样中书写的汉字、数字和字母,必须做到字体工整,笔画清楚,间隔均匀,排列整齐,汉字应用长仿宋体书写。

(二) 常用绘图工具和仪器及其应用

常用绘图工具、仪器主要有:绘图图板、丁字尺、三角板、量角器、铅笔、铅芯、圆规和分规等。随着计算机技术的应用,计算机绘图技术也逐渐得到推广普及。

(三) 机械图样基本内容

(1) 机械图样根据其作用可分为零件图和装配图。

(2) 一张完整的零件图包括:一组图形、完整的尺寸、技术要求、标题栏。

(3) 一张完整的装配图包括:一组图形、必要尺寸、技术要求、标题栏、编号和明细栏。

(4) 图样上的尺寸是零件的实际尺寸,尺寸以毫米为单位时,不需标注代号或名称。

(5) 一个完整的尺寸由尺寸数字、尺寸线、尺寸界线和尺寸的终端(箭头或斜线)组成。

(6) 标准水平尺寸时,尺寸数字的字头方向应向上;标注垂直尺寸时,尺寸数字的字头方向应朝左。角度的尺寸数字一律按水平位置书写。当任何图线穿过尺寸数字时都必须断开。

(四) 基本几何作图

(1) 等分线段。

(2) 等分圆周作正多边形,作圆的正三边形、正五边形、正六边形。

(3) 斜度用符号∠表示,标注时符号的倾斜方向应与所标斜度的倾斜方向一致。

(4) 锥度用符号◁表示,标注时符号尖端方向应与物体锥顶方向一致。

(5) 圆弧连接可分为两直线的圆弧连接、直线和圆弧的圆弧连接,两圆弧的外连接、内连接和混合连接。

(6) 根据尺寸的作用,平面图形中的尺寸可分为定形尺寸和定位尺寸。

(7) 平面图形中的线段可分为已知线段、中间线段、连接线段三种。它们的作图顺序应是先画出已知线段,然后画中间线段,最后画连接线段。

思考与练习

(一) 填空题

1. 图纸的基本幅面代号有5种,最大的是_____,最小的是_____。

2. 比例是指图中_____与_____之比。图样上标注的尺寸应是机件的_____尺寸,与所采用的比例_____关。

3. 图框线用_____线画,可见轮廓线用_____线画;不可见轮廓线用_____线画;尺寸线、尺寸界线用_____线画。

4. 标注尺寸时,以_____为单位,同一个尺寸只标注_____次。一个完整的尺寸一般由_____、_____、_____和尺寸的终端组成。

5. 相互平行的尺寸线,应遵循小尺寸标注在_____,大尺寸标注在_____的分布原则,两个尺寸不得相交。

(二) 判断题

1. 同一张图样上,同类图线的宽度应基本一致。　　　　　　　　　　　　(　　)

2. 不论用何种比例绘图,角度均按实际大小绘制。　　　　　　　　　　　(　　)

3. 绘图铅笔中以B级者较硬,H级者较软。　　　　　　　　　　　　　　(　　)

4. 图样上所标注的尺寸数值与比例和作图的准确程度有关。　　　　　　(　　)

5. 标注直径时,必须加注"φ"符号,不得省略。　　　　　　　　　　　　(　　)

模块二　点、直线和平面的投影

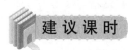

1. 能够认识投影的分类；
2. 能够认识投影基本原理；
3. 能够掌握点的基本投影规律；
4. 能够掌握直线的基本投影规律；
5. 能够掌握平面的基本投影规律；
6. 能够绘制点、直线和平面的投影图形。

建议课时

8课时。

一、投影的概念

(一)投影的概念

当物体被光照射时，物体的阴影就形成在地面或墙上，阴影的位置和形状也会随着光照的角度以及光源与物体之间的距离而改变。通过对光线、形体、影子三者之间关系的研究，经过科学的归纳总结，形成了投影原理和投影图绘制方法。

光线照射物体产生的影子可以反映出物体的外形轮廓。如图 2-1a)所示，物体在被光线照射时，会使物体的轮廓线在平面上产生影像，物体的外形会反映在这个影像所形成的图形中，这个图形就是物体的影子。

工程图样上，将物体按照投影的规律投射到投影面上所得到的图形，即为投影。如图 2-1b)所示。而将形成投影所用的投影方法称为投影法。

光线照射物体后产生的阴影与物体通过投影法在投影面上得到的投影有所不同。前者产生的是整体阴影，而投影得到的是物体受投影线投射到投影面上的各个点、线、面元素。物体要产生投影必须有 3 个条件：形体、投影面和投射线，三者不可或缺，统称为投影三要素。

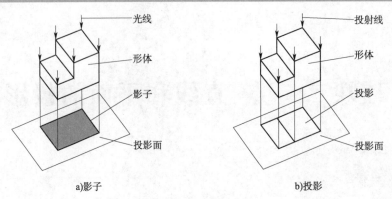

图 2-1　影子与投影

(二)投影法的分类

投影法可以分为：中心投影法和平行投影法两大类(图 2-2)。

1. 中心投影法

当投影射线都从投影中心点 S 发出，所获得的投影被称为中心投影，用这种中心光源进行投影的作图方法就是中心投影法，如图 2-3 所示。

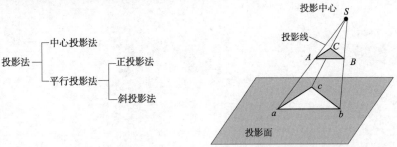

图 2-2　投影法的分类　　　　图 2-3　中心投影法

中心投影的大小由投影面、空间形体以及投影面距离投射中心之间的相对位置来确定，当投影面与投射中心之间的距离确定后，形体投影的大小随着形体及投影中心与投影面的距离而发生变化。一般在透视图中采用中心投影。其缺点是：不能真实反映物体的大小，不能准确度量物体的尺寸。

2. 平行投影法

用一组相互平行的投影射线进行投影的绘图方法称为平行投影法，所得的物体投影称为平行投影。根据投影面与平行光线相对位置不同，又可以分为正投影法与斜投影法，如图 2-4a)、b)所示。

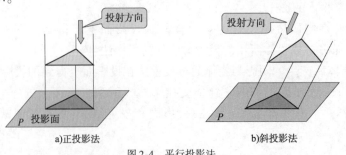

图 2-4　平行投影法

(1) 正投影。当平行投影线与投影面相互垂直时,所作的投影称为正投影,如图 2-5 所示。机械制图中视图一般采用正投影。

正投影特点是绘图过程简单,视图能够反映实形,视角直观,且度量起来比较方便。单一个投影图只能反映出平行于投影面的两个坐标方向的形体的大小和形状,不能反映出整体形状。

(2) 斜投影。当平行投影线与投影面不垂直时,所作的投影称为斜投影,如图 2-4b) 所示。轴测图中有所采用。

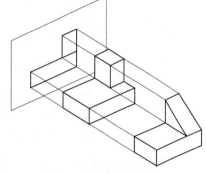

图 2-5 物体的正投影图

二、三视图的投影

(一) 三面投影体系

空间 3 面投影体系由 3 个相互垂直的投影平面构成。水平放置的面被称为水平投影面,用大写字母 H 表示;竖立在正面的投影面被称为正立投影面,用大写字母 V 表示;立在侧面的投影面被称为侧立投影面,用大写字母 W 表示。3 个投影面相交于 3 个投影轴即 OX、OY、OZ,3 个投影轴相互垂直并相交于原点 O,把空间分为 8 个区域,每一区域称为一个分角,依次为 Ⅰ、Ⅱ、Ⅲ、Ⅳ…Ⅶ、Ⅷ分角,如图 2-6 所示。

若将物体放置第一分角(H 面之上,V 面之前,W 面之左的空间)进行投射,则称第一分角画法;若将物体放置在第三分角(H 面之下,V 面之后,W 面之左的空间)进行投射,则称第三分角画法。

欧洲各国盛行第一分角法投影,所以第一分角法投影亦有"欧式投影制"之称。美国采用第三分角投影制,故有"美式投影制"之称。根据《技术制图 图样画法 视图》(GB/T 17451—1998)规定,我国工程图样按正投影法绘制,并优先采用第一分角画法。

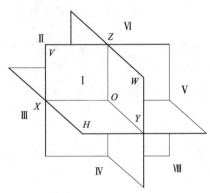

图 2-6 空间三面投影体系

(二) 三视图

1. 三视图的形成

视图是将物体按照正投影的方法将其投影到投影面内得到的投影图。当物体放置在 3 面投影体系中,分别向 3 个相互垂直的投影面内进行投影,获得物体在 3 个投影面的视图。这样就比较好地反映出物体各个面的形状与大小,如图 2-7 所示。

第一分角投影体系中,分别由上向下投射获得水平投影图,由前向后投射获得正面投影图,由左向右投射获得侧面投影图,如图 2-8 所示。

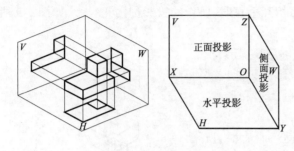

图 2-7 三面投影体系

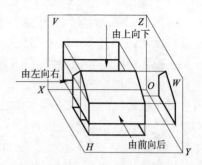

图 2-8 物体的三面投影

当物体在空间三面体系中投影完毕之后,令 V 面保持不动,H 面围绕 OX 轴向下旋转 $90°$,W 面围绕 OZ 轴向右旋转 $90°$,如图 2-9a)所示。通过这种方式将 3 个相互垂直的投影面展开,并使 3 个投影面旋转到同一平面进行投影。如图 2-9b)所示。

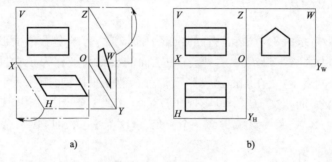

图 2-9 三视图的形成

展开后,投影面 V 位于正立面,H 面位于 V 面的正下方,W 面位于 V 面的正右方。按照此位置配置所形成的投影视图称为三视图。其正立面(V 面)、水平面(H 面)、侧立面(W 面)3 个视图分别称为主视图、俯视图、左视图。在图样上可以不标记出投影面、投影轴及名称。

2. 三视图的对应关系

空间中任何一个物体都有上、下、前、后、左、右 6 个方向的形状与大小,在三面投影体系中,每个投影视图可以反映 4 个方向的情况,也就是说投影面 V 反映空间形体的上、下、左、右 4 个方向的情况;投影面 H 反映空间形体的前、后、左、右 4 个方向的情况;投影面 W 反映空间形体上、下、前、后 4 个方向的情况,如图 2-10 所示。

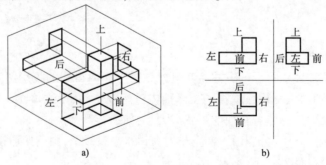

图 2-10 投影图和物体的位置对应关系

任何一个物体都具有长、宽、高3个方向的尺寸。物体左右间的距离为长度,前后间的距离为宽度,上下间的距离为高度。为方便俯视图与左视图之间宽度尺寸的传递,并保证宽度量的相等,我们通常作45°角平分线,辅助宽度尺寸投影,如图2-11所示。

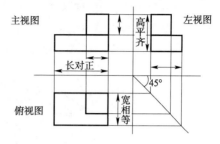

在三面投影体系中,投影面 V 反映形体的正面形状以及形体的长度和高度;投影面 H 反映形体的水平面形状以及形体的长度和宽度;投影面 W 反映形体的左面形状以及形体的宽度和高度。三视图之间的对应关系为主视图与俯视图之间,左右对正,长度相等,称为"长对正";主视图与左视图,上下平齐,高度相等,称为"高平齐";俯视图与左视图前后对应,宽度相等,称为"宽相等"。"长对正、高平齐、宽相等"是三视图投影的三等规律。

图2-11 三视图间相互的关系

3. 正投影的特性

在三视图中,视图采用正投影方式进行投影,其正投影有以下几种特性。

1)实形性

当空间中的线段或平面图形平行于投影面,则其在投影面上的投影反映线段的实际长度或者是平面图形的实形。正投影法的这一性质称为实形性,如图2-12所示。

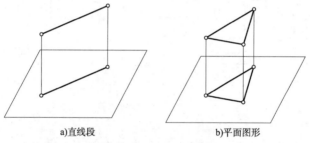

图2-12 正投影的实形性

2)积聚性

若空间中的某一条直线或某一平面图形垂直于投影面时,则空间直线的投影积聚为一点,如图2-13a)所示。空间平面的投影积聚为一直线,如图2-13所示。正投影的这种性质称为积聚性。此时,空间直线上的所有点必然全部积聚在该直线的投影点上,空间平面上的所有直线必然积聚在该平面图形在投影平面的投影上。

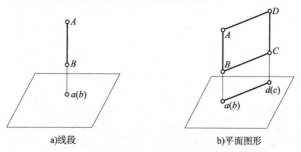

图2-13 正投影的积聚性

3)类似性

当空间中的某一条直线或者空间平面图形既不平行也不垂直于投影面,即当空间直线或者空间平面图形倾斜于投影面时,空间直线的投影仍为一条直线,但其投影的长度小于空间直线段的实际长度,如图2-14a)所示;空间平面图形的投影仍为平面图形,但其投影小于空间平面图形的实形且与实形类似,如图2-14b)所示。正投影的这种性质称为类似性。

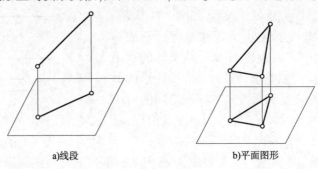

图 2-14　正投影的类似性

另外,不同的形体可以有相同的投影。一个投影面不能完整清晰地表达和确定形体的形状和结构,如图 2-15 所示。

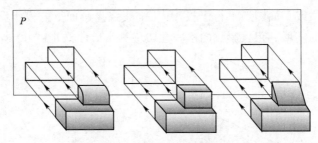

图 2-15　投影相同零件不同

4）平行性

假设空间中有两条相互平行直线,则这两条直线在同一个投影面上的投影仍然是平行的,且空间中这两条线段之比等于其投影线段的长度之比,正投影的这种性质称为平行等比性。如图 2-16 所示,若 $AB//CD$,则 $ab//cd$,且 $AB:CD=ab:cd$。

5）定比性

假设空间直线上一个点,该点使空间中的直线段划分为两段,这两个线段长度之比等于它们的投影长度之比,这种特性称为定比性,如图 2-17 所示,ab 为 AB 线在投影面上的投影,C 在直线 AB 上,$AC:CB=ac:cb$。

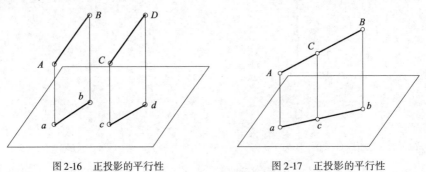

图 2-16　正投影的平行性　　　　　图 2-17　正投影的平行性

6）从属性

几何元素的从属关系在投影中不会发生变化，如属于空间中某一条直线上的点的投影必定属于该直线的投影，这种特性称为投影的从属性，如图 2-18 所示，C 在直线 AB 上，则 C 点的投影点 c 在直线 AB 的投影直线 ab 上。

图 2-18　正投影的从属性

三、点的投影

(一) 点的投影基础

以空间三面投影体系中的投影轴 OX、OY、OZ 为坐标轴，以 O 为坐标原点，建立空间直角坐标系。X 轴、Y 轴、Z 轴为坐标轴，空间点到 3 个投影面的距离就等于它的坐标。空间点和投影点的位置都可用其直角坐标值来确定。一般标注书写形式为：

(X, Y, Z)，分别代表 X、Y、Z 坐标值，是该点至相应坐标面的距离数值。也是点到各相应投影面的距离。如图 2-19 所示。如空间 A 点：

(1) 空间点 A 到 H 面的距离就是点 A 在 Z 轴坐标，即 $Aa = Oa_Z$。

(2) 空间点 A 到 V 面的距离就是点 A 在 Y 轴坐标，即 $Aa' = Oa_Y$。

(3) 空间点 A 到 W 面的距离就是点 A 在 X 轴坐标，即 $Aa'' = Oa_X$。

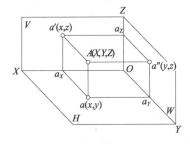

图 2-19　空间坐标系

另外，有 3 个特殊情况：

(1) 当空间中的点位于某一投影轴上时，它在另外两个投影轴上的坐标为零，此时该点的两个投影与点本身重合，第三个投影则与原点重合。

(2) 当空间中的点在某一个投影面内时，它的 3 个坐标中必有一个为零。

(3) 这些在投影面或投影轴上的点，称为特殊位置点。

1. 点的投影

点、线、面是构成机械制图的基本要素。因此，对空间中点、线、面的位置关系和投影特性的分析为投影图的绘制奠定基础。深入理解和掌握空间中点、线、面的位置关系和投影特性是机械制图的基础。

点在任意平面的投影仍是点。假设，空间中有一点 A，过点 A 向投影面 H 作一条垂直的投影线，投影线与投影面相交于 a 点，如图 2-19 所示，则投影面 H 上的 a 点是空间点 A 在 H 投影面上的投影。

如图 2-20 所示，空间中的点 A 与投影面 H 有唯一的交点 a，一个单独的 a 点无法表示空间中点 A 的准确位置。因为，一条直线是由无数个点构成的，a 点表示的可能是投影线上任意一个位置的点。因此，需要同时绘制两个或两个以上不同位置和角度的投影，才能确定一个点在空间中的准确位置。

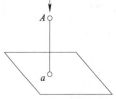

图 2-20　点的投影

2. 点的三面投影

为了方便和准确地绘制机械图形，国家标准《机械制图》规定用数字和英文字母来表示点、直线、面。用大写英文字母或大写罗马数字来表示空间中的点：如 A、B、C、D……或 Ⅰ、Ⅱ、Ⅲ、Ⅳ……；用小写字母表示空间中的点在投影面上的投影：用 a、b、c、d……表示空间中的点在投影面 H 上的投影；用 a'、b'、c'、d'……表示空间中的点在投影面 V 上的投影，用 a''、b''、c''、d''……表示空间中的点在投影面 W 上的投影。

假设，在空间中有一 A 点，做 A 点在 H、V、W 面的正投影，如图 2-21a）所示，过空间点 A 分别向 H、V、W 面作垂线得到的投影 a、a'、a''。将三面投影体系展开，按三视图位置配置。如图 2-21b）所示，这样就得到了空间点 A 的三面投影图。

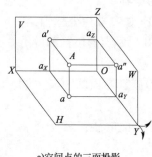

a）空间点的三面投影

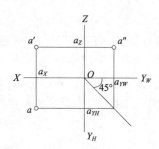

b）点的三视图

图 2-21 点的投影

由图 2-20 可以得出空间点在三面投影体系中的投影规律：

（1）点的正面投影与水平投影的连线 $a'a$ 垂直于 OX 轴（$aa' \perp OX$）。

（2）点的侧面投影与正面投影的连线 $a'a''$ 垂直于 OZ 轴（$a'a'' \perp OZ$）。

（3）A 点在 H 面上的投影点 a 到 OX 轴的距离，等于 A 点在 W 面上的投影点 a'' 到 OZ 轴的距离，即 $aa_X = a''a_Z$。

（4）A 点在 H 面上的投影点 a 到 OY 轴的距离，等于 A 点在 V 面上的投影点 a' 到 OZ 轴的距离，即 $aa_Y = a'a_Z$。

因此，在三面投影体系中，任何两个投影面上的投影图之间都有一定的联系，只要知道空间中任意一点在某两个投影面上的投影图，就可以求出这个点在第三个投影面上的投影。

【例 2-1】 已知空间中有一点 A，点 A 在 H 面、V 面投影是点 a、点 a'，如图 2-22 所示。求作 A 点在投影面 W 上的投影。

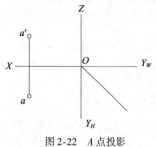

图 2-22 A 点投影

作图步骤：

（1）过点 a' 作一条垂直于 OZ 轴的投影线 $a'a_z$；将投影线 $a'a_z$ 向 OY_W 方向延长，如图 2-23a）所示。

（2）过点 a 作一条垂直于 OY_H 轴的投影线 aa_{YH}，并将投影线 aa_{YH} 延长交于 45°角平分线。过平分线交点作 OY_W 轴垂线，交 OY_W 轴于点 a_{YW}，且与 $a'a_z$ 延长线相交于 a''。该点即为 A 点在投影面 W 上的投影点。如图 2-23b）所示。

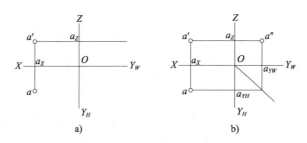

图 2-23 求点在 W 面的投影

(二)两点的位置

1. 两点的相对位置

假设空间中有两个点,这两个点的相对位置可以通过这两个点的三面投影以及这两个点的坐标差值来进行判断。

空间中两个点的相对位置:首先,假设沿 OX 方向为左右,沿 OY_H 或 OY_W 方向为前后,沿 OZ 方向为上下;另外,我们也可以用两点在 V 面上投影来判断两点的上下、左右,在 H 面上的投影来判断两点的前后、左右位置,在 W 面上的投影来判断两点的前后、上下关系。

如图 2-24 所示,已知 A、B 两点在 H、V、W 三面的投影。由 H 面投影得知 A 点在 B 点的右后方,由 V 面投影得知 A 点在 B 点的右、后、上方,因此,确定两点的相对位置只要用一组相邻的投影就可以了。

2. 重影性

若空间中两点位于某一投影面上的同一投影射线上,那么这两个点在这个投影面上的投影必定重合。我们把空间中两个点在某一投影面上的投影重合的性质称为重影性。如图 2-25 所示,空间中的点 A 和 B 在某一投影面的同一投影线上,沿着投影射线的投射方向朝投影面观看,点 A 和点 B 的 H 面投影点 a、点 b 重合在一起,此时这两个点称为重影点。由于点 A 在点 B 的上方,从投影面上方向下看时,点 A 可见,点 B 不可见,国家标准《机械制图》规定,重影点中不可见的点在可见点的后面加括号表示(b),如图 2-25 所示。

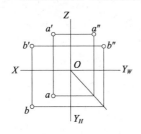

图 2-24 判断两点的相对位置

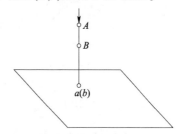

图 2-25 重影点的投影

如图 2-26a)所示,空间中有两个点 A 和 B,它们在 V 投影面的同一条投射线上,因此它们在 V 投影面的投影重合,点 a'(b')是点 A 和点 B 在投影面 V 上的投影点。通过点 A 和点 B 在投影面 H 或投影面 W 上的投影可以看出,点 A 在点 B 的正前方,点 A 是可见的,而点 B 是不可见,点 B 被点 A 给遮挡住了。

c(d)是点 C 和点 D 在投影面 H 上的重影点。如图 2-26b)所示,由投影面 V 或投影面 W

可以判断出,点 C 在点 D 的正上方,在 H 投影面上,点 C 是可见的,点 D 是不可见的。

如图 2-26c)所示,由投影面 H 或投影面 V 可以判断出,点 E 在点 F 的正左方,在 W 投影面上,点 E 是可见的,点 F 是不可见的,点 $e''(f'')$ 是点 E 和点 F 在投影面 W 上的重影点。

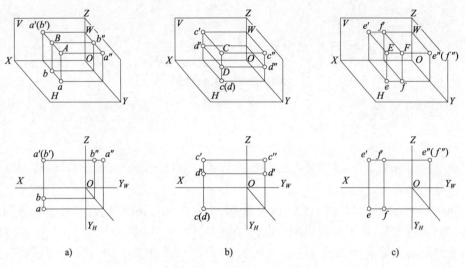

图 2-26　重影点的投影

因此,当空间中两个点在某一投影面的同一条投射线上时,就会产生判断这两个点可见和不可见的问题,可见性是空间中两个点相对于某一个投影面来说的,这两个点中坐标大的可见,坐标小的不可见。

四、直线的投影

(一)直线的表示法及直线投影的形成

按照"两点确定一条直线"的原则,在某一投影面上作出一条空间直线上的两个点的投影,然后在这一投影面上将两个投影点连接起来,这条投影面上的直线就是空间直线在这一投影面上的投影。所以,在求作空间某一条直线的投影时,只要作出直线上两个点在投影面上的投影,并将这两个投影点连线就可以了,如图 2-27 所示。

在投影图中,用粗实线绘制直线及投影,用细实线绘制投影线及其他辅助的作图线。

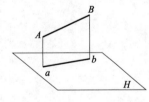

图 2-27　直线投影的形成

(二)各种位置直线的投影特性

1. 一般位置直线

空间中某一条直线与 3 个投影面都处于倾斜位置,这条直线就是一般位置直线。一般位置直线与投影面 H、V、W 的倾角用字母 α、β、γ 来表示,而且一般位置直线在投影面 H、V、W 的投影都不反映实长,如图 2-28a)所示,H、V、W 投影面上的投影与投影轴的夹角也不能真实反映空间平面的倾斜角度大小,如图 2-28b)所示。

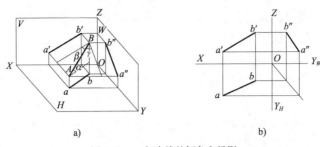

图 2-28 一般直线的倾角和投影

一般位置直线具有:其投影不反映实长,且小于实际长度的投影规律,如图 2-28b)所示。

2. 特殊位置直线

空间直线中与任意一个投影面平行或垂直的直线,称为特殊位置直线。

1) 投影面平行线

空间中任意一条直线,若直线与某一个投影面平行,则直线称为该投影面的平行线。对于 H、V、W 3 个投影面来说,若直线与 H 面平行,称为水平线;若直线与 V 面平行,称为正平线;若直线与 W 面平行线,称为侧平线。

投影面平行线特性见表 2-1。

投影面平行线的投影特性   表 2-1

名称	立 体 图	投 影 图	特 性
正平线			(1) $a'b'$ 反映实长和实际倾角 α、γ; (2) ab // OX, $a''b''$ // OZ 轴,长度缩短
水平线			(1) cd 反映实长和实际倾角 β、γ; (2) $c'd'$ // OX, $c''d''$ // OY_W,长度缩短
侧平线			(1) $e''f''$ 反映实长和实际倾角 α、β; (2) $e'f'$ // OZ, ef // OY_H,长度缩短

投影面平行直线的投影特性是:平行于该投影面的直线能够反映实长,而在其他两个投影面上的投影分别平行于投影轴。

2)投影面垂直线

假设空间中有一条直线,该直线与某一个投影面垂直,而与另外两个投影面平行,我们称这条空间直线为投影面的垂直线。对于三投影体系来说,投影面垂直线又可分为:①铅垂线:与H面垂直,与V、W面平行;②正垂线:与V面垂直,与H、W面平行;③侧垂线:与W面垂直,与H、V面平行。

投影面垂直线的投影特性见表2-2。

表2-2 投影面垂直线的投影特性

名称	立体图	投影图	特性
正垂线			(1) $a'(b')$ 在V面内集聚为一点; (2) $ab // OY_H$ 轴,$a''b'' // OY_W$ 轴,H、W面内投影反映实长
铅垂线			(1) $a(b)$ 在H面内集聚为一点; (2) $a'b' // OZ$ 轴,$a''b'' // OZ$ 轴,V、W面内投影反映实长
侧垂线			(1) $a''(b'')$ 在W面内集聚为一点; (2) $ab // OX$ 轴,$a'b' // OX$ 轴,V、H面内投影反映实长

与投影面垂直的直线的投影特性是:垂直于该投影面的直线在该投影面集聚为一点,而在其他两个投影面上的投影分别平行于投影轴,且反映实长。

3. 直线上的点

由几何概念可知,直线是由无数个点组成的集合。因而,空间直线上的点在各个投影面上的投影必定在该直线在各个投影面上的投影上,且符合点的投影规律。

反之,一个点的投影都在某一条直线的各个投影面的投影上,则这个点必定在这条空间直线上。通过这种方式可以判断点是否在一条直线上。

如果空间直线上有一点将这条直线按照一定比例进行分割,则点在某一投影平面上的投影也会按照相同的比例将该直线在同一投影平面上的投影进行分割。

如图 2-29 所示，空间一点 C 把空间直线 AB 分割成两条线段 BC 和 CA，线段 BC 和 CA 在 V 面投影是线段 $b'c'$ 和 $c'a'$，在 H 面的投影是线段 bc 和 ca，线段 BC 和 CA 的比值与线段 $b'c'$ 和 $c'a'$ 的比值、线段 bc 和 ca 的比值相等，即 $BC:CA = b'c':c'a' = bc:ca$。

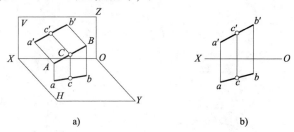

图 2-29　直线上点的投影

【例 2-2】　空间直线 AB 的投影如图 2-30 所示，如果将空间直线 AB 按 2:3 进行分割，求作直线 AB 的分割点 C 的投影。

作图步骤：

(1) 直线 ab 为空间直线 AB 在 H 面的投影，过点 a 作一条任意长度直线 ab_0，并把直线 ab_0 分成 5 等份，如图 2-31a) 所示。

(2) 然后，连接 bb_0，并过 2/5 等分点作直线 bb_0 的平行线，交线段 ab 于 c 点。即 $ac:cb = 2:3$。如图 2-31b) 所示。

(3) 过点 c 作垂直投影线与直线 $a'b'$ 相交于点 c'。点 c 和 c' 即为分割点 C 的投影点。

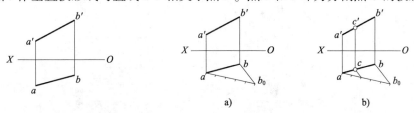

图 2-30　直线 AB 的投影　　图 2-31　直线 AB 上分割点 C 的投影

【例 2-3】　已知直线 AB 及点 K 的投影，如图 2-32a) 所示，判断 K 点是否在直线 AB 上。

解题方法一　应用第三投影面投影，若 k'' 点落在直线投影 $a''b''$ 上，则可确定 K 是直线 AB 上的点，如图 2-32b) 所示。

解题方法二　应用定比定理。过 a' 作任意直线 $a'e'$，连接 $b'e'$，取 $a'k_0 = ak$，过点 k_0 作 $b'e'$ 的平行线。若过 k_0 点所作平行线交 $a'b'$ 于 k'，则 K 点在直线 AB 上，否则，不在，如图 2-32c) 所示。

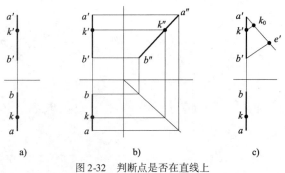

图 2-32　判断点是否在直线上

4. 两直线的相互位置

空间两直线间的相对位置存在三种情况：两直线平行、两直线相交和两直线交叉。其中两直线平行、两直线相交的两直线称为共面直线，两直线交叉的两直线称为异面直线。

1) 两直线平行

如果空间两直线平行，那么它们的同面投影一定平行。反之，如果两直线的各同面投影平行，那么空间两直线必然平行，如图 2-33 所示。

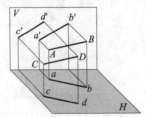
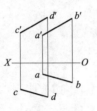

图 2-33 空间两平行直线

一般位置直线，若两直线的两投影面投影平行，则可以判定空间两直线平行。特殊位置直线，两直线的两投影面投影平行，空间直线不一定平行，还应根据第三投影面的投影是否平行来判断。若第三投影面的投影平行，则空间直线平行。反之，不平行，如图 2-34 所示。

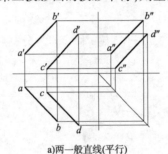
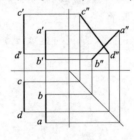

a) 两一般直线（平行）   b) 两特殊位置直线（不平行）

图 2-34 两直线投影

2) 两相交位置直线

若空间两直线相交，则同面投影必相交，且交点的投影必须符合空间点的投影特性。交点是两条直线的共有点，如图 2-35 所示。

3) 两交叉位置直线

空间两条交叉直线，其两条直线在各个投影面的同面投影可能会产生一个交点。但这个交点不符合点的投影规律，如图 2-36 所示。

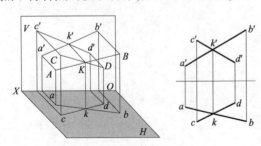
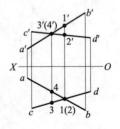

图 2-35 两相交直线投影   图 2-36 空间交叉直线的投影

两条直线的在 H 面、V 面的投影线交点 1(2)、3′(4′)不在同一投影线上。

五、平面的投影

(一)平面的表示法及平面投影

1. 平面的表示法

空间几何平面的表示方法,通常有以下几种:3 点确定一个平面;直线和直线外一点确定一个平面;两条相交的直线确定一个平面;两条平行直线确定一个平面;任一平面确定一个平面,见表 2-3。

平面的表示法　　　　　　　　　　表 2-3

名　称	图　例	说　明
3 点确定一个平面	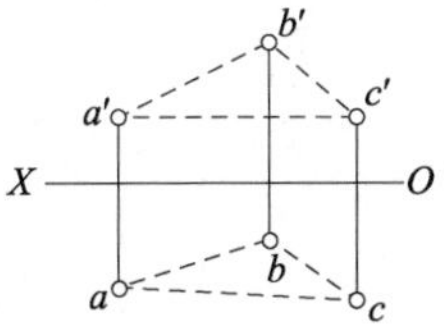	不在一条直线上的 3 个点
直线和直线外一点确定一个平面	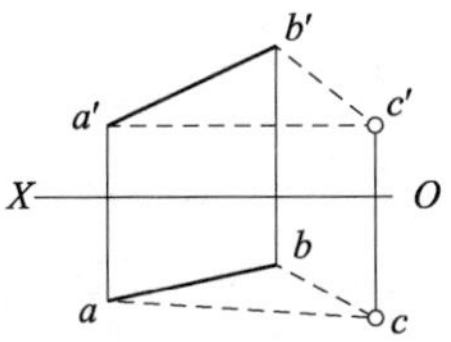	一条直线和直线外一点
两条相交的直线确定一个平面	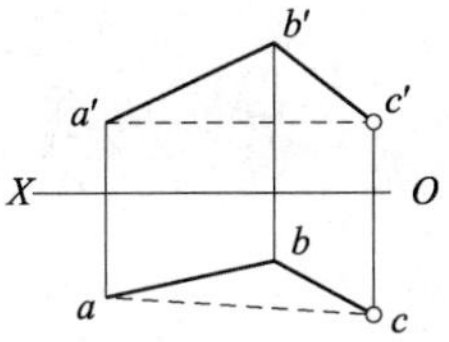	空间两条相交的直线
两条平行直线确定一个平面	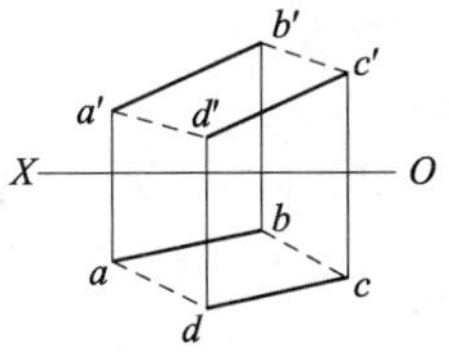	空间两条平行的直线
任一平面确定一个平面	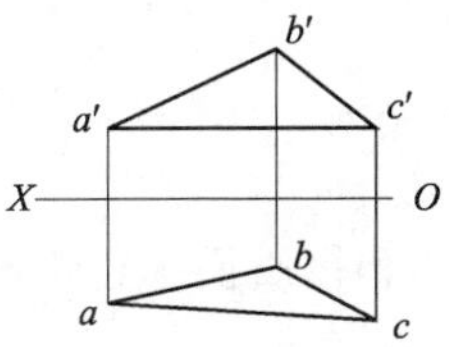	空间任一平面

2. 平面的投影

若空间有一个任意位置的平面,那么这个平面与 3 个投影面之间有 3 种位置关系:

①空间一般位置平面(与各投影面倾斜的平面);
②与某一个投影面垂直的平面;
③与某一个投影面平行的平面。

平面的投影特性:

(1)积聚性:当空间平面垂直于投影面时,其投影面内的投影积聚为一条直线,如图2-37a)所示。

(2)真实性:当空间平面平行于投影面时,其投影面内的投影反映实形,如图2-37b)所示。

(3)相似性:当空间平面倾斜于投影面时,其投影面内的投影与空间平面相似,但比实形要小,如图2-37c)所示。

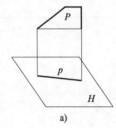
a)
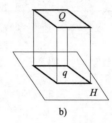
b)
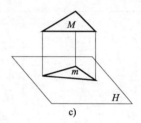
c)

图2-37　3种位置平面的H面投影

(二)各种位置平面投影

1. 一般位置平面

一般位置平面与3个投影面的倾斜角度可以用平面与投影面的倾角表示。平面 P 与投影面 H 之间的倾角为 α,平面 P 与投影面 V 之间的倾角为 β,平面 P 与投影面 W 之间的倾角为 γ,如图2-38a)所示。

一般位置平面在3个投影面上的投影都不能完全反映实形,但是与空间平面原形相似,且小于原形,如图2-38b)所示。

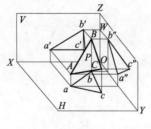
a)空间平面
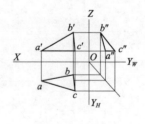
b)平面投影

图2-38　一般位置平面投影

2. 特殊位置平面投影特性

特殊位置平面包括投影面垂直面和投影面平行面两种。

1)垂直于投影面的平面

投影面的垂直面是指垂直于某一投影面,而与另外两个投影面倾斜的空间平面。包括3种形式平面,即正垂面、铅垂面和侧垂面。投影见表2-4。

垂直于投影面的平面 表2-4

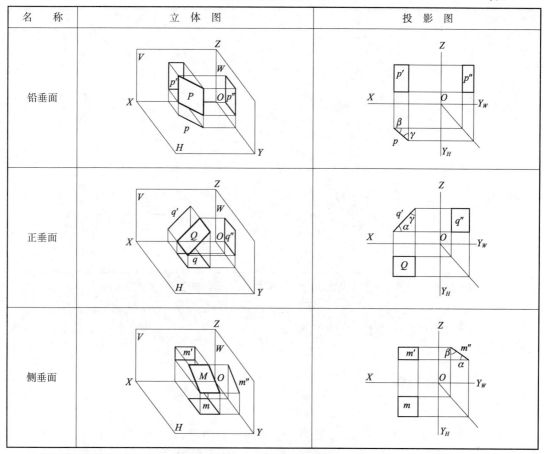

从垂直面投影可以归纳出与投影面 H、V、W 面的投影规律：

(1) 与投影面 H（或 V、W）垂直的平面，在投影面 H（或 V、W）上的投影是一条直线，这条直线的倾角是平面对另外两个投影面的倾角。

(2) 与投影面 H（或 V、W）垂直的平面，在另外两个投影面上的投影是平面，这个投影与原空间平面相似，但小于原平面。

2) 平行于投影面的平面

平行于投影面的平面是指平面平行于某一投影面，垂直于另外两个投影面的空间平面。包括3种形式的平行平面，即水平面、正平面和侧平面。投影见表2-5。

平行于投影面的平面 表2-5

名　称	立　体　图	投　影　图
水平面		

续上表

名　称	立　体　图	投　影　图
正平面		
侧平面		

平行于投影面的空间平面与投影面 H、V、W 面,所具有的投影规律:

(1) 与投影面 H(或 V、W)平行的平面,在投影面 H(或 V、W)上反映该平面的实形。

(2) 与投影面 H(或 V、W)平行的平面,在另外两个投影面上的投影是一条直线,且该直线与某一投影轴平行。

(三)平面上的直线和点

1. 平面内的直线

假设:在某一平面内有两个点,某一条直线同时经过两个点,则这条直线在该平面内;或者假设在某一平面内有一个点和一条直线,某一直线经过平面内的这个点,且与该平面内原有的直线平行,则这条直线在该平面内。

平面 P 内有 A、B 两点,通过 A、B 两点作一条直线 AB,则直线 AB 在平面 P 内,如图 2-39a)所示;假设平面 P 内有一点 C,而点 D 不在平面 P 内,则 C 点与 D 点的连线 CD 不在平面 P 内;平面 P 上原有点 E 和直线 CD,作一条通过 E 点的直线 AB,且 AB//CD,那么直线 AB 必然在平面 P 内,如图 2-39b)所示。

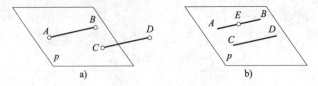

图 2-39　平面内的直线

【例 2-4】　假设在空间中有一四边形 ABCD,已知该四边形的正面投影和水平投影,如图 2-40 所示,求空间中通过 A 点的水平直线的投影。

作图步骤:

(1) 由水平直线的投影特性可知,过 A 点的水平线在 V 面的投影为一条直线,因此先过 a' 作一条平行于 X 轴的直线,该直线与直线 $c'd'$ 交于 e',故得直线 $a'e'$;然后,过点 e' 向下作一条与 X 轴垂直的直线，该直线与直线 bc 交于点 e，故得直线 e'e，如图 2-41a) 所示。

（2）最后，做一条通过点 a 和点 e 的直线 ae，则直线 ae 就是空间中通过 A 点的水平直线的投影，如图 2-41b) 所示。

图 2-40　过 A 点求作水平线

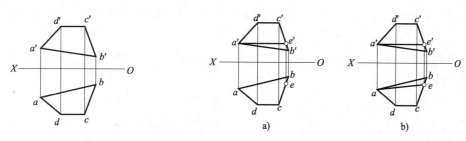

图 2-41　过 A 点的水平直线的投影

2. 平面内的点

假设在某一平面内有一条直线，在该直线上有一点，则点在该平面内。

如图 2-42a) 所示，在平面 P 内有一条直线 AB，在直线 AB 上有一点 C，则点 C 在平面 P 内；如图 2-42b) 所示，由于点 D 的位置在这张图中没有明确的表示出来，即不能判断点 D 在某一直线上，也不能判断点 D 在平面 P 内。

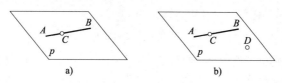

图 2-42　平面内的点

【例 2-5】　假设空间中有一三角形平面 ABC，已知点 D 位于平面 ABC 所在的平面内，如图 2-43 所示，已知平面 ABC 的正投影图和水平投影图，其中点 d' 在 V 面投影 a'b'c' 所在的平面内，求作点 D 在投影面 H 上的投影。

作图步骤：

（1）首先，根据投影特性，过 d' 作一条平行于 X 轴的直线，该直线与直线 a'c' 和直线 b'c' 分别相交于点 e' 和点 f'。

（2）其次，过点 e' 和 f' 作铅垂方向的投影线，投影线与直线 ac 和 bc 分别相交于点 e 和点 f，连接 ef 线段。

（3）最后，过点 d' 作一条铅垂方向投影线，投影线交直线 ef，交点即为 D 点所求 H 面投影点 d（图 2-44）。

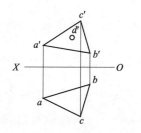

图 2-43　求平面内 D 点的水平投影

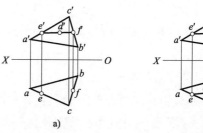

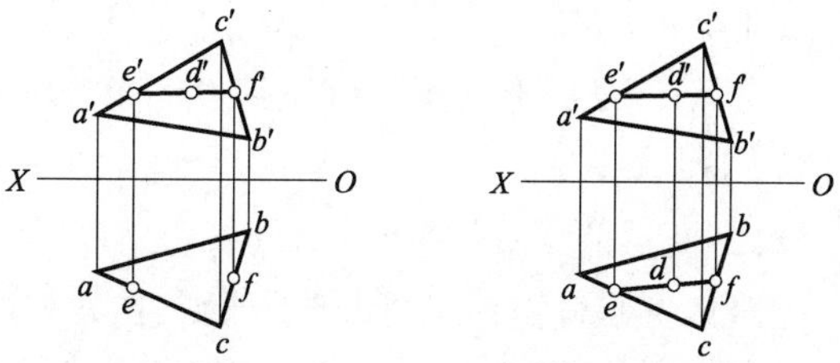

图 2-44　作 D 点在 H 面上的投影

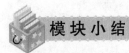

模块小结

（1）工程图样上，将物体按照投影的规律投射到投影面上所得到的图形，即为投影。而将形成投影所用的投影方法称为投影法。

（2）物体要产生投影必须有3个条件：形体、投影面和投射线，三者不可或缺，统称为投影三要素。

（3）投影法可以分为：中心投影法和平行投影法两大类。

（4）当投影射线都从投影中心点 S 发出，所获得的投影被称为中心投影，用这种中心光源进行投影的作图方法就是中心投影法。

（5）用一组相互平行的投影射线进行投影的绘图方法称为平行投影法，所得的物体投影称为平行投影。平行投影法又可以分为正投影法与斜投影法。机械制图图样主要采用平行投影的正投影法。

（6）空间三面投影体系由3个相互垂直的投影平面构成。水平放置的面被称为水平投影面，用大写字母 H 表示；竖立在正面的投影面被称为正立投影面，用大写字母 V 表示；立在侧面的投影面被称为侧立投影面，用大写字母 W 表示。

（7）视图是将物体按照正投影的方法将其投影到投影面内得到的投影图。当物体放置在三面投影体系中，分别向3个相互垂直的投影面内进行投影，获得物体在3个投影面的视图。将3个视图按一定规律在同一个平面展开，并按一定规律配置即为三视图。三视图由主视图、俯视图和左视图组成。

（8）三视图的对应关系：3个视图之间投影关系呈现"长对正、高平齐、宽相等"的规律。

（9）在三视图中，正投影特性包括：实形性；积聚性；类似性（相似性）；平行性；定比性；从属性。

（10）点的空间定位为：$A(X,Y,Z)$，分别代表点 A 在 X、Y、Z 坐标值。

（11）三视图中，点的投影规律：

①点的正面投影与水平投影的连线 $a'a$ 垂直于 OX 轴（$aa' \perp OX$）。

②点的侧面投影与正面投影的连线 $a'a''$ 垂直于 OZ 轴（$a'a'' \perp OZ$）。

③A 点在 H 面上的投影点 a 到 OX 轴的距离，等于 A 点在 W 面上的投影点 a'' 到 OZ 轴的距离，即 $aa_X = a''a_Z$。

④A 点在 H 面上的投影点 a 到 OY 轴的距离，等于 A 点在 V 面上的投影点 a' 到 OZ 轴的距离，即 $aa_Y = a'a_Z$。

（12）两点的相对位置及重影点。

（13）"两点确定一条直线"的原则，在某一投影面上作出一条空间直线上的两个点的投影，然后在这一投影面上将两个投影点连接起来，这条投影面上的直线就是空间直线在这一投影面上的投影。

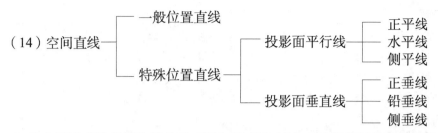

(15)空间两直线相对位置关系:平行、相交和交叉。相交两直线两个投影面上的投影交点在同一投影线上,交叉两直线两个投影面上的投影交点不在同一投影线上。

(16)投影面平行线投影反映实长,投影面垂线集聚为一个点。一般位置直线投影小于实长。

(17)三点确定一个平面;直线和直线外一点确定一个平面;两条相交的直线确定一个平面;两条平行直线确定一个平面;任一平面确定一个平面。

(18)平面的投影特性包括:积聚性;真实性;相似性。

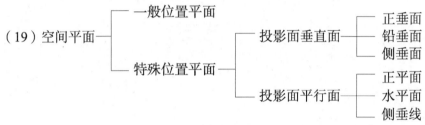

(20)投影面的垂直面是指垂直于某一投影面,而与另外两个投影面倾斜的空间平面。包括3种形式平面,即正垂面、铅垂面和侧垂面。

(21)平行于投影面的平面是指平面平行于某一投影面,垂直于另外两投影面的空间平面。包括三种形式的平行平面,即水平面、正平面和侧平面。

(22)平面投影规律:

①与投影面垂直,投影聚集成一条直线。

②与投影面平行,投影反映实形。

③与投影面倾斜,投影与原空间平面相似,但小于原平面。

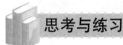

(一)填空题

1. 主视图所在的投影面称为_____,简称_____,用字母_____表示。

2. 俯视图所在的投影面称为_____,简称_____,用字母_____表示。

3. 左视图所在的投影面称为_____,简称_____,用字母_____表示。

4. 三视图的投影规律是,主视图与俯视图_____;主视图与左视图_____;俯视图与左视图_____。

5. 零件有长、宽、高三个方向的尺寸,主视图上能反映零件的_____和_____,俯视图上只能反映零件的_____和_____,左视图上只能反映零件的_____和_____。

(二)选择题

1. 基本视图一共有3个,它们的名称分别是主视图、(　　)、左视图。
   A. 右视图　　　　B. 仰视图　　　　C. 俯视图　　　　D. 后视图
2. 除基本视图外,还有仰视图,右视图和(　　)3种视图。
   A. 右视图　　　　B. 仰视图　　　　C. 俯视图　　　　D. 后视图

(三)判断题

空间形体有上、下、左、右、前、后6个方位,则:
1. 主视图上只能反映零件的上、下、左、右方位。　　　　　　　　　　　(　　)
2. 俯视图上只能反映零件的前、后、左、右方位。　　　　　　　　　　　(　　)
3. 左视图上只能反映零件的上、下、左、右方位。　　　　　　　　　　　(　　)

模块三 立体的投影

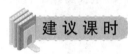

1. 能够掌握基本体分类;
2. 掌握常见平面体和回转体投影特征及其作图要领;
3. 掌握立体表面求点的投影方法;
4. 掌握平面体、回转体的截交线和分析方法和作图方法;
5. 掌握平面体、回转体的相贯线和分析方法及作图方法;
6. 掌握组合体的投影方法。会用投影的形体分析方法、线面分析法。

建议课时

8 课时。

一、平面立体的投影

(一)基本体的概念

(1)基本体全称基本几何立体、基本立体。其含义如下:
①基本体是立体的最小单元。
②任何复杂的立体均由若干基本体组成,均可分解成若干基本体。
(2)基本体分为平面立体和曲面立体(回转体)两大类(图 3-1、图 3-2):
①平面立体指表面全部由平面围成的立体。包括棱柱、棱锥(棱台)两种。

图 3-1 基本体的种类(一)

②曲面立体指表面全部由曲面围成的立体,或表面由曲面和平面共同围成的立体。主

要包括圆柱、圆锥(圆台)、圆球、圆环四种。

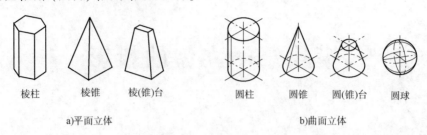

a)平面立体　　　　　　　　　　b)曲面立体

图 3-2　基本体的种类(二)

(二)平面立体的投影

1.棱柱

1)棱柱的投影

如图 3-3a)所示正六棱柱,由六个矩形的侧表面和两个全等的正六边形端面围成。当六棱柱在三面投影体系中处于正放位置时,两个端面是水平面,前后两个侧面是正平面,另外四个侧面是铅垂面。即棱柱正放时每一表面都是特殊位置平面,每一表面在三面投影图中均有 1~2 个投影有积聚性(投影积聚为一条直线)。棱柱三视图的特征:一个投影是由直线构成的多边形,另外二个投影是一些矩形线框。

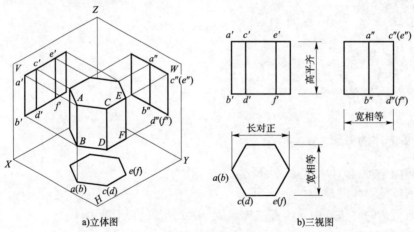

a)立体图　　　　　　　　　　b)三视图

图 3-3　六棱柱三视图及其画法

2)棱柱表面上点的投影

如图 3-4a)所示正六棱柱,已知其表面上 A、B、C 三点中各点的一个投影 a'、b'、c,求每一个点的另外两个投影。

由于棱柱正放时每一表面都是特殊位置平面,其表面上点的投影均可利用平面投影的积聚性来作图。

(1)利用积聚性,先求出 a、b、b''、c'、c''。

(2)利用"三等"关系求出 a'',如图 3-4b)所示。

下面以一些棱柱的三视图为例,供读者自行进行投影分析,如图 3-5 所示。

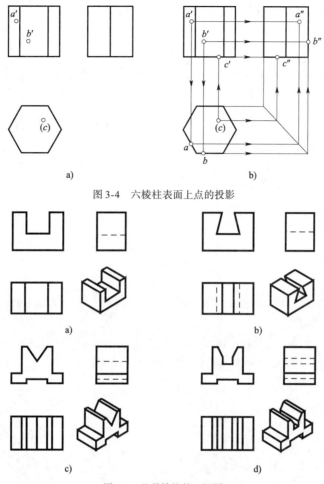

a)

b)

图 3-4 六棱柱表面上点的投影

a)

b)

c)

d)

图 3-5 几种棱柱的三视图

2. 棱锥

1）棱锥的投影

如图 3-6a)所示正四棱锥，由四个三角形的侧表面和一个矩形的底面围成。当四棱锥在三面投影体系中处于图中正放位置时，底面是水平面，前后两个侧面是侧垂面，左右两个侧面是正垂面。

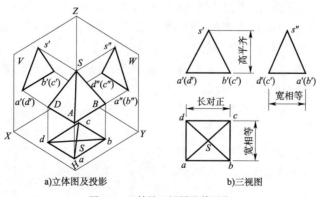

a)立体图及投影　　b)三视图

图 3-6 四棱锥三视图及其画法

棱锥三视图的特征：一个投影是由直线构成的多边形（反映出底面实形的投影），另外二个投影是一些三角形线框。

2）棱锥表面上点的投影

如图 3-7a）所示四棱锥，底面是水平面，四个侧面是一般位置平面，其三视图如图 3-7b）所示。

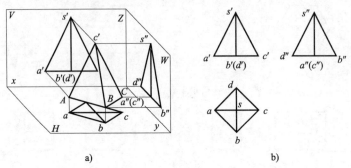

图 3-7 四棱锥的三视图

如图 3-8a）所示，已知其表面上 E、M、N 三点中各点的一个投影 e'、m'、n，求每一个点的另外两个投影。

经过分析可知，E 点位于侧棱 SB 的特殊位置上，可以直接利用"三等"关系求出；N 点位于水平面的底面上，可以利用该平面投影的积聚性直接求出。

(1) 利用"三等"关系求出 e''、e。

(2) 利用积聚性，求出 n'、n''，如图 3-8b）所示。

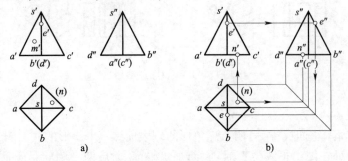

图 3-8 棱锥表面上特殊位置点的投影

由于 M 点位于左前侧的一般位置平面上，只能采用辅助线法来求 M 点的投影。根据前面所学一般位置平面上点的投影理论，辅助线可采用一般辅助线或平行辅助线，即通过点的已知投影作辅助线，而辅助线与点所在平面的投影边框线产生两个交点，再利用"三等"关系求出这两个交点的其余投影，从而可求出辅助线的其余投影，最后将已知点的投影通过"三等"关系投影到另外两个辅助线的投影上即可。

(1) 过 m' 点作一般辅助线 $s'1'$，然后求出 $s1$，利用"三等"关系求出 m、m''，如图 3-9a）所示。

(2) 过 m' 点作平行于 $a'b'$ 的辅助线与侧棱 $s'a'$ 相交于 $1'$，然后利用"三等"关系求出点 1 的水平投影 1，在水平投影图中过 1 点画出平行于 a、b 的辅助线，最后利用"三等"关系求出 m、m''，如图 3-9b）所示。

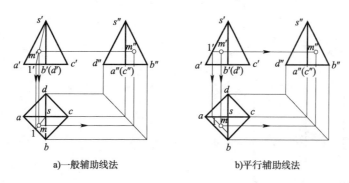

a) 一般辅助线法　　　　　　　　b) 平行辅助线法

图 3-9　棱锥表面上一般位置点的投影

3. 几种常见的平面立体

几种常见的平面立体见表 3-1。

几种常见的平面立体　　　　　　　　　　　　　表 3-1

名称	立体示意图	投　影　图	投　影　特　征
四棱柱			3 个投影都是矩形
四棱锥			两个投影的外形是同一高度的三角形,另一个投影的外形是四边形,且反映其实形
四棱台			两个投影的外形是同一高度的梯形,另一投影是内外两个矩形,分别反映顶面、底面的实形,两矩形顶点相连

二、回转立体的投影

(一)圆柱

1. 圆柱体投影

(1) 圆柱面是由一条与轴线平行的直线作为母线绕轴线回转而成的。在圆柱的回转面上平行于轴线可作出许多直线,这些直线称为素线,如图 3-10a) 所示。

(2) 当圆柱正放时(轴线垂直于某个投影面),圆柱的一个投影为圆,另外二个投影为矩形。并规定在投影为圆的视图中用点画线画出其轴线,如图 3-10b) 所示。

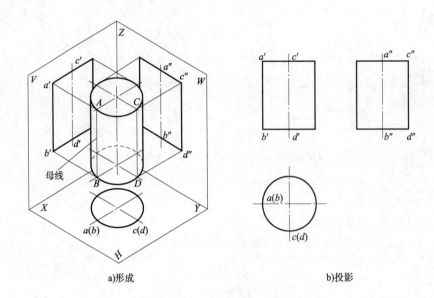

a) 形成   b) 投影

图 3-10 圆柱的形成及投影

2. 圆柱表面上点的投影

如图 3-11a)所示,已知圆柱表面上有 A、B、C、D 四点,各点已知一个投影 a'、b'、c'、d,求每一个点的另外两个投影。

图示中的圆柱,两个端面为水平面,其正投影和侧投影有积聚性;圆柱曲面在投影为圆的图中有积聚性(类似于铅垂面)。所以,各个表面在三投影图中至少有 1~2 个投影有积聚性。因此,求圆柱表面上点的投影均可利用积聚性直接求出,不需要作辅助线。

(1) A 点位于圆柱曲面最左边素线上,通过 a' 可直接求出 a、a''。

(2) B 点位于圆柱曲面最前边素线上,通过 b' 可直接求出 b、b''。

(3) D 点位于圆柱底面上,通过 d 可直接求出 d'、d''。

(4) C 点位于圆柱曲面上,先通过 c' 在曲面有积聚性的图中(投影为圆的图)求出 c,然后利用"三等"关系再求出 c''。

各点投影的结果如图 3-11b)所示。

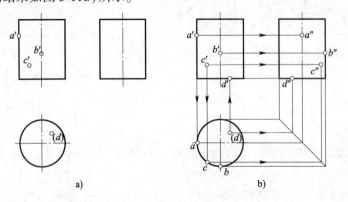

图 3-11 圆柱表面上点的投影

(二)圆锥

1. 圆锥的投影

圆锥曲面是由一条与轴线倾斜相交的直线作为母线绕轴线回转而形成的。在圆锥曲面上,过锥顶可以作出许多直线,称为素线;母线回转时,母线上任一点的运动轨迹称为纬圆(纬圆所处平面与轴线垂直),如图3-12a)所示。

圆锥三面投影的特征是:一个投影为圆,另外两个投影为三角形并规定用点画线表示其轴线。注意,在投影为三角形的图中,与点画线相交的顶点为锥顶。圆锥三面投影如图3-12b)所示。

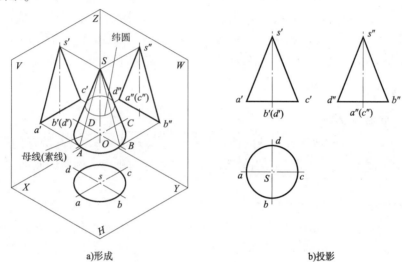

图 3-12 圆锥的形成及投影

2. 圆锥表面上点的投影

如图3-13a)所示,已知圆锥表面上有A、B、C、D四点,各点已知一个投影a'、b'、c'、d,求各点的另外两个投影。

图中圆锥的底面为水平面,位于底面上的D点其投影可利用积聚性直接求出。A点位于最左边的素线上,B点位于最前面的素线上,A、B两点均位于圆锥曲面上的特殊位置上,利用"三等"关系可直接求出,不需要作辅助线。A、B、D三点的投影作图方法如图3-13b)所示。

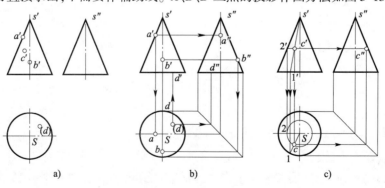

图 3-13 圆锥表面上点的投影

(1) A 点位于圆锥曲面最左边素线上,通过 a' 可直接求出 a、a''。

(2) B 点位于圆锥曲面最前边素线上,通过 b' 先求出 b'',然后再求出 b。

(3) D 点位于圆锥底面上,通过 d 可直接求出 d'、d''。

由于 C 点位于圆锥曲面的一般位置上,求 C 点的投影必须作辅助线。通过 c' 点在圆锥曲面上做辅助线,可以采用纬圆法,也可以采用素线法,如图 3-13c)所示。

(1) 纬圆法:过 c' 点作垂直于轴线的直线与圆锥极限位置的素线相交于 $2'$ 点,求出该交点在圆锥投影为圆的图形中的投影 2,然后以圆心到点 2 的距离为半径画出纬圆的投影,再过 c' 作投影连线到纬圆上求出圆视图中的投影 c 点。最后利用"三等"关系再求出 c''。

(2) 素线法:将锥顶 s 和 c' 点用直线连接并延长,该直线与圆锥底面的投影相交于点 $1'$,则直线 $s'1'$ 为圆锥曲面上通过 C 点的素线。然后求出点 1 在圆视图中的投影 1 点,并用直线连接 $s1$,则该直线 $s1$ 为素线在圆视图中的投影。再过 c' 点作投影连线到圆视图中的素线投影 $s1$ 上求出圆视图中的投影 c 点。最后利用"三等"关系再求出 c''。

(三) 圆球

1. 圆球的投影

圆球的表面只有一个曲面。圆球的曲面是用一个圆环作为母线圆,圆球的轴线与母线圆处于同一个平面上并且通过圆心,当母线圆绕轴线回转时则形成圆球的曲面,如图 3-14a)所示。

在圆球曲面上可以作出许多圆,这些圆称为纬圆。其中平行于 H 面最大的纬圆称为赤道圆,平行于 V 面最大的纬圆称为主子午圆,平行于 W 面最大的纬圆称为侧子午圆。

如图 3-14b)所示,圆球的三个投影均为圆。但是应当注意,三个投影图中的圆并非是圆球表面上同一个圆。

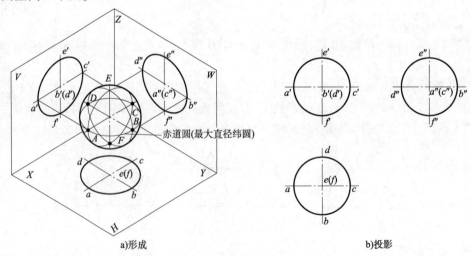

a)形成   b)投影

图 3-14 圆球的形成及投影

2. 圆球表面上点的投影

如图 3-15a)所示,已知圆球表面上有 A、B、C、D 四点,各点已知一个投影 a'、b''、c、d',求各点的另外两个投影。

经分析可知，A、B、C三点处于圆球表面的特殊位置上，其中A点位于圆球表面平行于V面的最大纬圆上，B点位于圆球表面平行于W面的最大纬圆上，C点位于圆球表面平行于H面的最大纬圆上。因此，求A、B、C三点的投影不需要作辅助线，可直接利用"三等"关系求出，如图3-15b)所示。

由于D点位于圆球表面的一般位置上，所以求D点的投影必须作辅助线，而在圆球表面上作辅助线只能采用纬圆法。如图3-15c)所示，通过D点在圆球表面上作一水平的纬圆。

(1) 过d'作水平线与圆球正投影相交于$1'$点，过$1'$点作投影连线求出其水平投影1点，在水平投影图中以圆心到1点为半径作一个圆，该圆即为通过D点在圆球表面上所作的水平纬圆的水平投影。可直接求出a、a''。

(2) 过d'作投影连线到水平投影图中的纬圆投影上可求出d。

(3) 利用"三等"关系求出d''。

图3-15c)是采用水平纬圆来求D点的投影，另外也可采用正平纬圆、侧平纬圆，读者可自行作图分析。

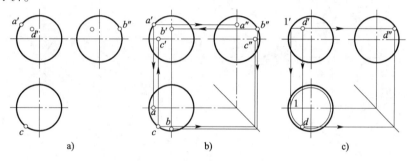

图3-15 圆球表面上点的投影

三、截交线与相贯线的投影

(一)立体的截交线

1. 截交线的有关概念

一个假想平面与基本体相交，截切基本体，形成一个被截平面，该假想平面称截平面，截平面与基本体的交线称为截交线，如图3-16所示。

(1) 截平面——用来截切基本体的平面。

(2) 截断体——基本体被截切后所保留的部分。

(3) 截断面——基本体被截切后所产生的新的断面。

2. 截交线的性质

(1) 截交线是一个封闭的平面图形。

(2) 截交线是截平面和基本体表面上的共有线。

截交线是立体表面上的轮廓线，绘图时要画成

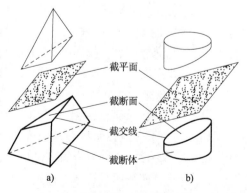

图3-16 截交线的概念

粗实线(或虚线)。求截交线实际上就是求出截平面和基本体表面上的一系列共有点，判别可见性后依次连接即可。

3. 平面立体截交线的投影

（1）平面立体截交线的特点。平面立体截交线是一个封闭的平面多边形，如图 3-16a)所示。该多边形的各条边是基本体表面与截平面所产生的交线，该多边形的各个顶点是基本体表面上的棱线与截平面所产生的交点。

（2）求平面立体截交线的方法：

①求出各条被截棱线与截平面的交点。

②判别可见性。

③依次用直线连接。

如图 3-17 所示，求正垂面 P 与三棱锥 $S\text{-}ABC$ 的截交线的投影。

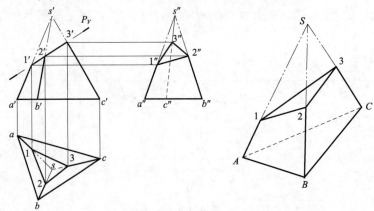

图 3-17 正垂面与三棱锥的截交线

分析截交线一般应从截平面有积聚性投影的图形开始。此题中因截平面 P 是正垂面，其正投影积聚为一条直线，所以分析时应从正投影入手。在正投影图中，被截平面的正投影 P_V 截切到的立体表面轮廓线(粗实线或虚线)有三条。经过分析可知该三条轮廓线中，每一条轮廓线代表实际立体表面上的一条轮廓线(注意：有时一条被截粗实线或虚线可能代表立体表面两条以上的轮廓线)。

由于一条直线与一平面相交即产生一个交点，因此，有三条轮廓线与平面 P 相交，共产生三个交点，在此分别用 1、2、3 表示。又因为三视图中各轮廓线的投影是已知的，利用"三等"关系分别过 1′、2′、3′作投影连线到另外两个投影图中，即可求出 1、2、3 和 1″、2″、3″。经分析可知，截交线在水平投影图中和侧投影图中是可见的，因此分别用粗实线连接 1、2、3 和 1″、2″、3″后即完成立体截交线的绘制。

如图 3-18 所示，求带切口的五棱柱的投影。

分析截交线一般应从截平面有积聚性投影的图形开始。本题中的五棱锥在侧投影图中被截切掉的一部分比较明显并呈 L 形，是采用了两个截平面截切而成，两个截平面的侧投影均积聚为一条直线，所以分析时应从侧投影入手。

注意，一个截平面截切基本体则截交线构成一个封闭的平面图形，本题中有两个截平面则截交线构成两个封闭的平面图形。

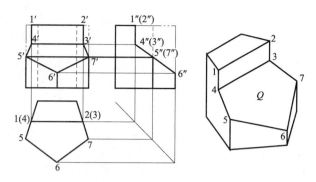

图 3-18 带切口的五棱柱投影

在侧投影图中,处于正平面位置的截平面(图中投影为竖直粗实线)切到了棱柱顶面的两条轮廓线,所以产生两个交点分别为 1″、2″;处于侧垂面位置的截平面(图中投影为倾斜粗实线)切到了棱柱侧面的三条轮廓线,所以产生三个交点分别为 5″、6″、7″。

另外,两个平面相交即产生一条交线并且该交线为一条直线,该直线段则有两个端点。所以,侧投影图中两个截平面产生一交线和两个端点,在此两个端点分别为 3″、4″。

经过上述分析可知,本题中的五棱柱被截切后共产生了 7 个特殊位置点,并且首先在侧投影图中可以找到这 7 个点的投影,分别为 1″、2″、3″、4″、5″、6″、7″。然后利用"三等"关系,从侧投影图中画投影连线到正投影图中和水平投影图中即可求出点 1′、2′、3′4′、5′、6′、7′ 和 1、2、3、4、5、6、7。最后判别可见性,用直线依次连接各点的投影即完成了截交线的投影。

下面以一些棱柱截交线的三视图为例,如图 3-19 所示,读者可自行分析。

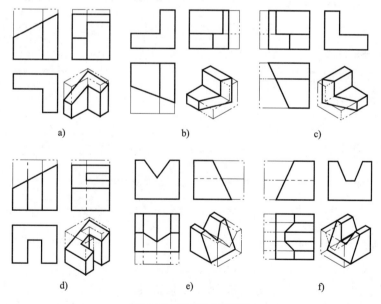

图 3-19 棱柱截交线举例

4. 回转体(曲面体)截交线的投影

(1)回转体截交线的特点。回转体的截交线是一个由曲线围成的(或由曲线和直线共同围成的)封闭的平面图形。

(2)回转体截交线上的每一个点都是截平面与立体表面的一个共有点。求回转体截交线实际上就是求出截平面和回转体表面上的一系列共有点,判别可见性后依次用曲线连接。

(3)回转体的截交线(即非圆曲线)的作图步骤:

①求出特殊位置点(基本特殊位置点有6个:最高、最低、最左、最右、最前、最后点。另外可能还有其他特殊位置点)。

②求出一般位置点。

③判别可见性,用曲线依次光滑连接。

(4)圆柱的截交线分三种情况。

截平面与圆柱轴线:①∥——截交线实形为矩形(平行两直线);②⊥——截交线实形为圆;③∠——截交线实形为椭圆(非圆曲线)。

圆柱体的常见截交线,见表3-2。

圆柱体的截交线　　　　　　　　　　　　　　　表3-2

位置	截平面平行于轴线	截平面垂直于轴线	截平面倾斜于轴线
立体图			
投影图			

求圆柱的截交线,如图3-20所示。

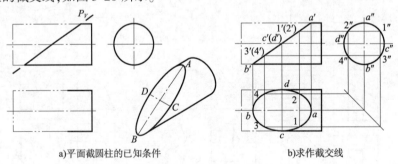

a)平面截圆柱的已知条件　　　　b)求作截交线

图3-20　圆柱上截交线椭圆的作图步骤

首先,经过分析后可知:截平面与圆柱轴线倾斜,截交线的实形为椭圆;截平面为正垂面;截交线的正投影与该正垂面的积聚投影重合,在正投影图中为斜直线,是已知的;截交线的侧投影与圆柱曲面的积聚投影重合,在侧投影图中为圆,也是已知的;截交线的水平投影应为椭圆(类似形),需要作图画出该椭圆。

其次,作图画出截交线的水平投影(椭圆)。椭圆有长轴、短轴各一个,并且长、短轴是垂直平分的关系,所以在正投影图中的斜线 a'、b' 是椭圆长轴、短轴其中的一个,而 a'、b' 的1/2

处的点即 $c'(d')$ 即为另一根轴的积聚投影;作图时,先求出特殊位置点,即 A、B、C、D 四个点(长、短轴的端点)的水平投影,然后求出几个一般位置点(本图中的 1、2、3、4 点)的水平投影;最后判别可见性,用曲线依次光滑连接起来即可。

图 3-21 所示为圆柱开槽的截交线投影。图 3-22 所示为开槽空心圆柱的截交线投影。

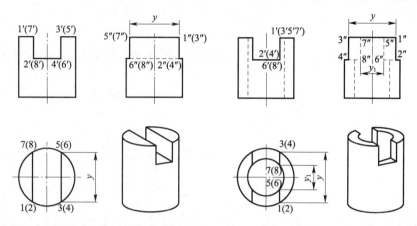

图 3-21　圆柱开槽投影　　　　　图 3-22　圆柱开槽投影

（5）圆锥的截交线（分五种情况），见表 3-3。
①截平面过锥顶——截交线实形为三角形（相交两直线）；
②截平面⊥轴线——截交线实形为圆；
③截平面∥轴线——截交线实形为双曲线（非圆曲线）；
④截平面∠轴线——截交线实形为椭圆（非圆曲线）；
⑤截平面∥一条素线——截交线实形为抛物线（非圆曲线）。

圆锥的截交线　　表 3-3

截平面的位置	垂直于轴线	倾斜于轴线 $\alpha < \beta$	倾斜于轴线 $\alpha = \beta$	倾斜于轴线	倾斜于轴线
截交线	圆	椭圆	抛物线	双曲线	两条素线
立体图					
投影图					

如图 3-23 所示,已知圆锥和截平面 P 的投影,求截交线的投影。

图 3-23a)中,截平面 P 的正投影积聚为一斜直线 P_v,因此从正投影图入手分析。经分析可知,截平面 P 为正垂面并与圆锥轴线倾斜,所以截交线的实形为椭圆。该椭圆所代表的平面与 H 面倾斜,所以截交线(椭圆)的 H 面投影应该为类似形,即椭圆。

由于椭圆属于非圆曲线之一,绘制非圆曲线只能先求出非圆曲线上的若干个点,然后再用曲线依次连接。本题作图步骤如下:

① 求特殊位置点 A、B、C、D 四点(分别是椭圆长轴和短轴的顶点,并且长轴和短轴是垂直平分的关系)的水平投影 a、b、c、d。如图 3-23b)所示。

② 求一般位置点如 M、N 点的水平投影 m、n,如图 3-23c)所示。

③ 判别可见性,用曲线连接,如图 3-23d)所示。

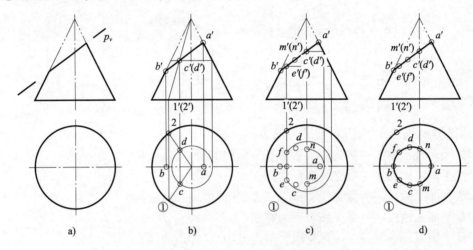

图 3-23 圆锥截交线的投影

图 3-24 所示为圆锥的截交线举例,读者可自行分析。

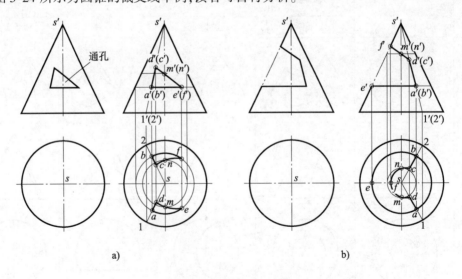

图 3-24 圆锥截交线举例

(6)圆球的截交线。圆球被截平面截切后所得的截交线形状都是圆。虽然圆球截交线实形为圆,但其投影不一定就是圆。当截交线圆所代表的平面(截平面)与某个投影面平行时,截交线圆的投影为圆(反映实形);当截交线圆所代表的平面(截平面)与某个投影面垂直时,截交线圆的投影为一直线(积聚性);当截交线圆所代表的平面(截平面)与某个投影面倾斜时,截交线圆的投影为椭圆(类似性)。

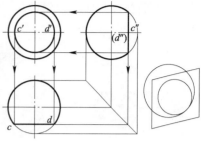

图 3-25　正平面切割球体

截平面为正平面时圆球的截交线,如图 3-25 所示。

补画球被截后的水平投影,如图 3-26 所示。

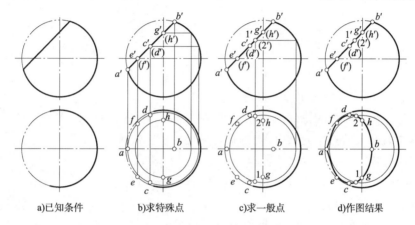

a)已知条件　　b)求特殊点　　c)求一般点　　d)作图结果

图 3-26　补全圆球截交线的水平投影

首先,经过分析后可知:圆球截交线的实形为圆;截平面为正垂面;截交线的正投影与该正垂面的积聚投影重合,在正投影图中为斜直线 a'、b',是已知的;截交线在水平投影、侧投影图(未画出)中应为椭圆(类似形),需要作图画出该椭圆。

其次,作图画出截交线的水平投影(椭圆)。椭圆有长轴、短轴各一个,并且长、短轴是垂直平分的关系,所以在正投影图中的斜线 $a'b'$ 是椭圆长轴、短轴其中的一个,而 $a'b'$ 的 1/2 处的点即 $c'(d')$ 即为另一根轴的积聚投影;作图时,先求出特殊位置点,即 A、B、C、D 四个点(长、短轴的端点)的水平投影,另外本题中 E、F 处于圆球表面上水平的直径最大的纬圆上,在水平投影图中是特殊位置点,G、H 处于圆球表面上侧平的直径最大的纬圆上,在侧投影图中是特殊位置点,所以 E、F、G、H 四个点也需按特殊位置点求出;然后求出几个一般位置点(本图中的 1、2 点)的水平投影;最后判别可见性,用曲线依次光滑连接起来即可。

(二)立体的相贯线

两基本体相交,称为相贯。两基本体相交所形成的新的立体,称为相贯体。当两基本体相交时,表面所产生的交线称为相贯线,如图 3-27 所示。

1.相贯的种类

(1)平面体与平面体相贯。

(2)平面体与曲面体相贯。
(3)曲面体与曲面体相贯。

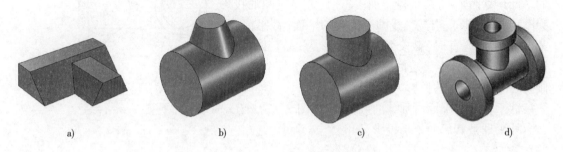

图 3-27 相贯线的概念

2. 相贯线的性质
(1)相贯线一般情况下呈封闭的状态。
(2)相贯线是两基本体表面上的共有线。

相贯线是立体表面上的轮廓线,绘图时要画成粗实线(或虚线)。求相贯线实际上就是求出两基本体表面上的一系列共有点,判别可见性后依次连接。

3. 判别相贯线可见性的方法
只有同时位于两个基本体可见表面上的相贯线才是可见的。

4. 平面体与平面体相贯
(1)平面体与平面体相贯时,相贯线是由直线组成的封闭的空间折线,折点是一平面体的棱线对另一平面体表面的交点(贯穿点)。
(2)求两平面体相贯线的方法:先求出甲立体表面上棱线对乙立体的表面所产生的交点;后求出乙立体表面上棱线对甲立体的表面所产生的交点;最后判别可见性后依次用直线连接。

如图 3-28a)所示,求两棱柱相贯线的投影。

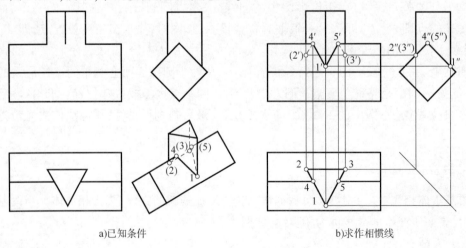

a)已知条件　　　　　　　　　　b)求作相惯线

图 3-28 平面体与平面体的相贯线

①经分析可知,三棱柱侧表面的水平投影有积聚性,四棱柱侧表面的侧投影有积聚性。即相贯线的水平投影和侧投影是已知的,相贯线的水平投影与三棱柱侧表面的水平投影重合,相贯线的侧投影与四棱柱侧表面的侧投影重合。所以,本题只需作出相贯线的正投影即可。

②求出三棱柱的棱线对四棱柱表面的交点(贯穿点)1、2、3,然后再求出四棱柱的棱线对三棱柱表面的交点(贯穿点)4、5。

③判别可见性,最后用直线依次连接。

作图结果如图 3-28b)所示。

5. 平面体与曲面体相贯

(1)平面体与曲面体相贯,实质上为平面与曲面立体相交的问题。

(2)求平面体与曲面体相贯线的方法:依次作出平面体各表面(平面)对曲面体的截交线,最后即可围成两基本体的相贯线。

如图 3-29a)所示,求四棱柱与半圆球相贯线的投影。

①经分析可知,四棱柱侧表面的侧投影有积聚性,即相贯线的侧投影是已知的,相贯线的侧投影与四棱柱侧表面的侧投影重合。所以,本题需作出相贯线的正投影和水平投影。

②四棱柱共有三个侧表面与圆球相交,需要分别求出三个表面(平面)对圆球的截交线。四棱柱前表面和后表面对圆球的截交线分别为 AB、CD 两段圆弧,四棱柱顶面对圆球的截交线为 BC 圆弧。

③判别可见性,最后围成由 AB、BC、CD 三段圆弧组成的相贯线。

作图结果如图 3-29b)所示。

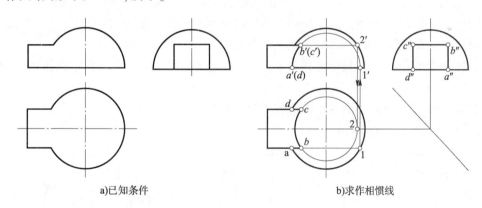

a)已知条件   b)求作相惯线

图 3-29 平面体与曲面体的相贯线

如图 3-30a)所示,求四棱柱与圆锥相贯线的投影。

①经分析可知,四棱柱侧表面的侧投影有积聚性,即相贯线的侧投影是已知的,相贯线的侧投影与四棱柱侧表面的侧投影重合。所以,本题需作出相贯线的正投影和水平投影。

②四棱柱共有三个侧表面与圆锥相交,需要分别求出三个表面(平面)对圆锥的截交线。四棱柱前表面和后表面对圆锥的截交线分别为 AEB、CFD 两段曲线,四棱柱顶面对圆球的截

交线为 BC 圆弧。

③判别可见性,最后围成由 AEB、BFC 两段曲线和 CD 一段圆弧组成的相贯线。

作图结果如图 3-30b)所示。

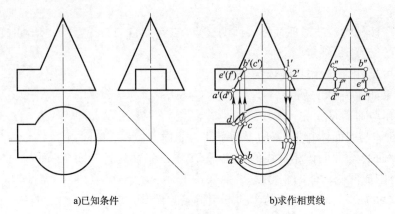

a)已知条件　　　　　　b)求作相贯线

图 3-30　平面体与曲面体的相贯线

6. 曲面体与曲面体相贯

(1)平面体与平面体相贯时,相贯线一般是封闭的空间曲线。

(2)求两曲面体相贯线的方法,通常采用利用积聚性求相贯线或辅助平面法求相贯线等方法。

如图 3-31a)所示,求两圆柱垂直相交的相贯线投影。

①经分析可知,横放的大圆柱曲面的侧投影为一个圆并有积聚性,竖放的小圆柱曲面的水平投影为一个圆并有积聚性。本题采用利用积聚性的方法求相贯线,即相贯线的水平投影和侧投影是已知的,相贯线的侧投影与大圆柱曲面的侧投影重合,相贯线的水平投影与小圆柱曲面的水平投影重合。所以,本题只需作出相贯线的正投影即可。

②先求特殊位置点:相贯线上最高点、最左点 1;最高点、最右点 2;最低点、最前点 3;最低点、最后点 4。后求一般位置点:5、6、7、8 点。

③最后判别可见性,用曲线依次光滑连接即得相贯线。

作图结果如图 3-31b)所示。

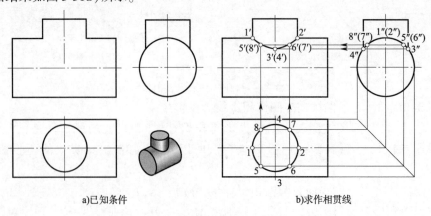

a)已知条件　　　　　　b)求作相贯线

图 3-31　曲面体与曲面体的相贯线

如图 3-32a)所示,求圆锥与圆柱垂直相交的相贯线投影。

①经分析可知,圆柱曲面的侧投影为一个圆并有积聚性,即相贯线的侧投影是已知的,相贯线的侧投影与圆柱曲面的侧投影重合。所以,本题只需作出相贯线的正投影和水平投影。因为本题不能利用积聚性的方法完全求出相贯线,因此一般要采用辅助平面法。

辅助平面法:用若干辅助平面截切相贯体(辅助平面一般为投影面的平行面,并且相贯体中的两个被截切基本体所得到的截交线要求便于作图,即截交线要求为圆或直线),相贯体中的两个被截切基本体各得到一个截交线,则该两截交线的交点即为相贯线上的点。

②先求特殊位置点:相贯线上最高点、最左点 1;最高点、最右点 2;最低点、最前点 3;最低点、最后点 4。然后采用辅助平面法求一般位置点:本题中辅助平面采用的是通过 5、6、7、8 点位置的水平面(正投影、侧投影均积聚为一条水平线)来切相贯体,圆柱截交线的水平投影为一个圆,圆锥截交线的水平投影为 M、N 两条直线,该两基本体的截交线的交点 5、6、7、8 点即为相贯线上的点。

③最后判别可见性,用曲线依次光滑连接即得相贯线。

作图结果如图 3-32b)所示。

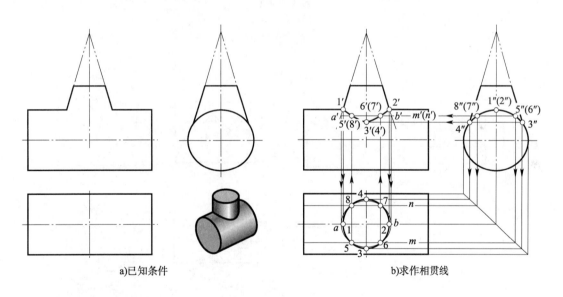

图 3-32 曲面体与曲面体的相贯线

7. 相贯线的特殊情况

(1)当两曲面体具有同一条公共轴线时,相贯线实形为圆。此时,在非圆投影图中相贯线的投影为直线,如图 3-33 所示。

(2)当圆柱与圆柱、圆柱与圆锥相贯并且共切一圆球时,相贯线实形为椭圆。此时,在非圆投影图中相贯线的投影为直线,如图 3-34 所示。

(3)当两圆柱轴线平行、圆锥与圆锥共顶时,相贯线为直线,如图 3-35 所示。

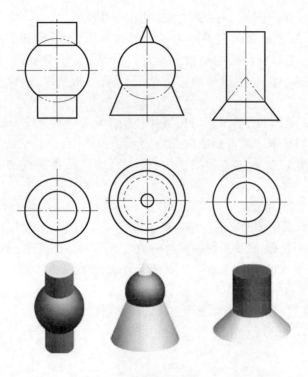

图 3-33　相贯线的特殊情况(1)

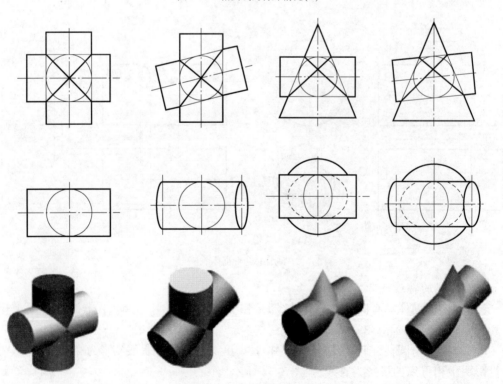

图 3-34　相贯线的特殊情况(2)

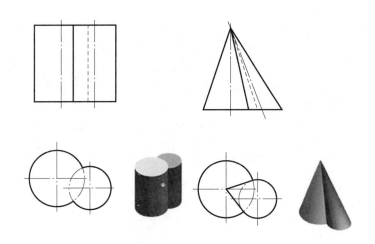

图 3-35 相贯线的特殊情况(3)

8. 相贯线的简化画法

在不至于引起误解的前提下,图形中的相贯线可以简化为圆弧或直线。相贯线的简化画法用于两圆柱垂直正交的情况最为常见。

如前面图 3-31a)所示,现改为采用简化画法求两圆柱垂直相交的相贯线投影。该题只需找到特殊位置点 1、2 两个点的正投影 1′、2′,然后用大圆柱体的半径作曲线即可,而省略了一般位置点。作图结果如图 3-36b)所示。

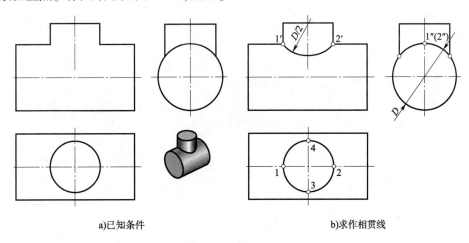

a)已知条件　　　　　　　　　　　　　b)求作相贯线

图 3-36 两圆柱正交相贯线的简化画法

四、组合体的投影

(一)组合体概述

1. 组合体

由两个以上的基本体组合在一起所形成的新的(类似于零件,或类似于实际工程中所用的)立体,称为组合体(图 3-37)。

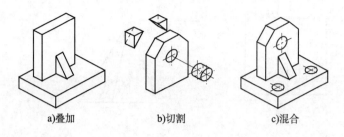

a)叠加　　　　　b)切割　　　　　c)混合

图 3-37　组合体的概念及其组合形式

2. 组合体的组合形式

组合体是由若干个基本体按照一定的方式组合而成的。组合体的组合形式一般有叠加、切割、混合共三种。

(1) 叠加。如图 3-37a)所示组合体,它是在一四棱柱的基础上再叠加一个四棱柱和一个三棱柱而成的,此组合体的组合形式为叠加。

(2) 切割。如图 3-37b)所示组合体,它是在一四棱柱的基础上切去两个三棱柱和一个圆柱而成的,此组合体的组合形式为切割。

(3) 混合。如图 3-37c)所示组合体,它是在一四棱柱的基础上叠加一个四棱柱、一个三棱柱后在立板上切去两个三棱柱和一个圆柱并在底板上切去两个圆柱而成的,此组合体的组合形式即为两种组合形式的混合。

3. 组合体的表面连接关系

组合体中相邻两基本体的某两个相邻表面的连接关系可分为共面、不共面、相交和相切四种关系。

(1) 共面。当组合体中相邻两基本体的两个表面(表面1与表面2)共面时,图中不应有轮廓线。如图 3-38a)所示,a'、b'之间不应画连线。

(2) 不共面。当组合体中相邻两基本体的两个表面(表面1与表面2)不共面时,图中应有轮廓线。如图 3-38b)所示,a'、b'之间应画出连线。

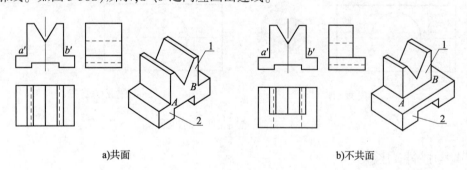

a)共面　　　　　　　　　　　　b)不共面

图 3-38　组合体的表面连接关系(1)

1-表面1；2-表面2

(3) 相交。当两基本体的两个表面相交时,图中应在相交处画出交线。如图 3-39a)所示,a'、b'之间应画出交线。

(4) 相切。当两基本体的两个表面相切时,因两表面光滑过渡,相切处没有交线,图中在相切处不画连线。如图 3-39b)所示,a'、b'之间不应画连线。

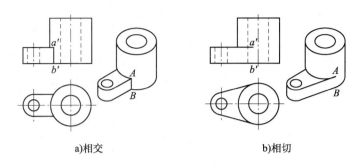

a)相交　　　　　　　　b)相切

图 3-39　组合体的表面连接关系(2)

4. 形体分析法

为了便于绘制、读懂组合体视图,并准确地在组合体视图中标注尺寸,在分析组合体的形状和结构的过程中,通常假想将组合体分解为若干个基本体,然后分析各基本体的几何形状、相对位置以及组合体的组合形式、表面连接关系等,这种将组合体分解为若干部分的分析方法,称为形体分析法。

利用形体分析法对组合体进行形体分析,可将复杂的组合体分解为若干简单的基本体,将较为复杂的问题分解为若干相对简单的问题。形体分析法是绘图、读图的基本方法之一。

如图 3-40a)所示组合体,可看作由如图 3-40b)所示的底板、立板和两块筋板共四个部分通过叠加和切割的形式组合而成。

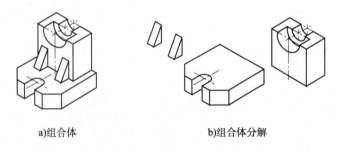

a)组合体　　　　　　　　b)组合体分解

图 3-40　组合体的形体分析

(二)组合体三视图的画法

下面以轴承座为例,说明组合体三视图的画法和步骤。

(1)进行形体分析。该轴承座由底板、立板、筋板、横置大圆筒和竖置小圆筒组成,如图 3-41 所示。

(2)选择主视图投影方向。根据组合体的结构和形状特征,选择主视图投影方向。

(3)确定比例,选定图幅。根据组合体的实际大小采用适当的比例,尽量采用 1∶1 比例。根据所定比例和组合体的最大尺寸,选定图幅。

(4)布置视图,绘图。运用组合体的形体分析法和线面分析法绘制组合体各个部分的三视图,绘图步骤如图 3-42 所示。

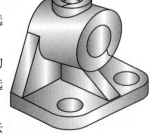

图 3-41　形体分析

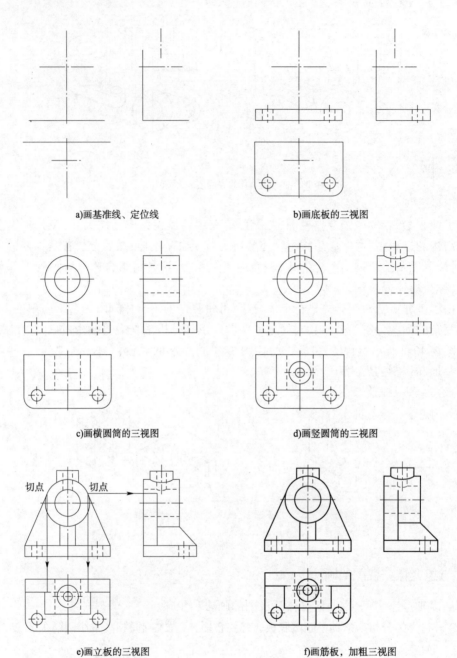

a)画基准线、定位线　　　　b)画底板的三视图

c)画横圆筒的三视图　　　　d)画竖圆筒的三视图

e)画立板的三视图　　　　f)画筋板，加粗三视图

图 3-42　组合体三视图的画法

(三)组合体的尺寸标注

尺寸标注的基本要求：正确、完整、清晰。

1. 基本体的尺寸标注

基本体的尺寸标注如图 3-43 所示。

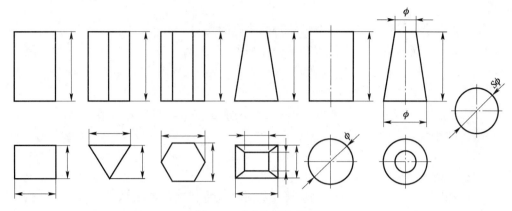

图 3-43 基本体的尺寸标注

2. 组合体尺寸的分类

(1) 定形尺寸:表示组合体中各基本体的形状大小的尺寸。如长、宽、高、直径、半径、角度、弧长等尺寸。如图 3-44a) 中的 A 类尺寸。

(2) 定位尺寸:表示组合体中各基本体的相对位置的尺寸。如两个孔的中心距尺寸等。如图 3-44a) 中的 B 类尺寸。

图 3-44a) 中,B_1 为两圆柱(孔)之间的相对位置尺寸,B_2 为两圆柱(孔)相对于整块板的左右位置尺寸,B_3 为两圆柱(孔)相对于整块板的上下位置尺寸,B_4 为上部矩形槽(四棱柱)相对于整块板的左右位置尺寸。

(3) 总体尺寸:表示组合体的总长、总宽、总高共三个尺寸。如图 3-44b) 所示。

注意,当组合体某一端为圆弧面结构时,该端总体尺寸只注到该圆弧的圆心位置,如图 3-44b) 中的总高。

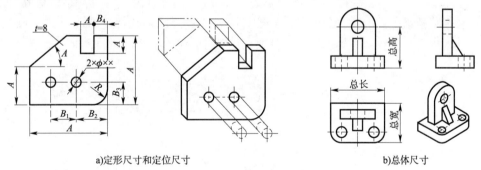

a) 定形尺寸和定位尺寸   b) 总体尺寸

图 3-44 组合体的尺寸种类

3. 尺寸基准

尺寸基准指标注尺寸时所选择的起始点。因组合体在长、宽、高三个方向上均需标准尺寸,所以每个方向至少应选择一个尺寸基准(有时一个方向上会有两个以上的尺寸基准,其中一个为主要的尺寸基准,其余的为辅助的尺寸基准)。尺寸基准一般选择组合体的对称面、端面或底面、回转体轴线作为尺寸基准。

4. 尺寸布置的规则

尺寸布置的规则可概括为三点:突出特征、相对集中、布局清晰整齐。现将一些重要规

则列出如下:

(1)定形尺寸应尽量集中标注在形状特征明显的图中。

(2)定位尺寸应尽量标注在位置特征明显的图中。

(3)同方向的平行尺寸,小尺寸在内、大尺寸在外,且间隔均匀。

(4)同方向的串联尺寸,尽量排齐在同一直线上。

(5)尺寸应尽量标注在视图外面,并且应尽量避免尺寸线之间、尺寸界线之间、尺寸线与尺寸界线之间相交。

(6)圆弧半径只能标注在投影为圆弧的图中。

5.组合体的尺寸标注示例

下面以如图3-45所示组合体为例,说明组合体尺寸标注的方法和步骤。

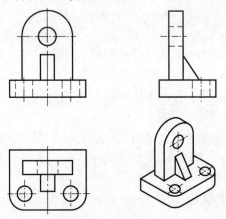

图3-45 三视图(组合体)

(1)进行形体分析,假想将组合体分解为几部分(本例分解为三部分:底板、立板、筋板)。每一部分在草稿纸上画出其2个视图的草图图形(一个图反映形状特征,另一个图反映板厚等必须表达的内容),并在图中标出每一部分独立存在时应注的尺寸。如图3-46所示。

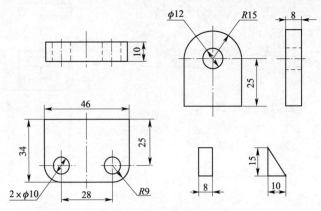

图3-46 分解后标出各部分尺寸

(2)在组合体三视图中标注各部分的定位尺寸和定形尺寸。分析各个部分在长、宽、高三个方向的相对位置是否确定,若没有确定则注出定位尺寸,若已经确定则不需标注。标注结果如图3-47所示(三部分需要标注的相对位置尺寸的只有6)。

图 3-47 标注各部分相对位置尺寸

(3)将草图(图3-46)中每一部分独立存在时应注尺寸全部转标在组合体的三视图中,如图 3-48 所示。

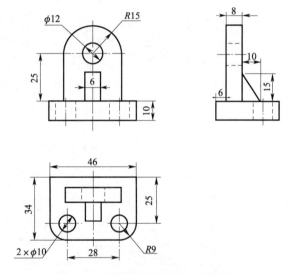

图 3-48 将草图中尺寸转标在三视图中

(4)标注总体尺寸(总长、总宽、总高)。检查图中总长、总宽、总高三个尺寸是否已经存在,若某个方向的总体尺寸不存在则注出该总体尺寸,若已经存在则不再标注。如图3-49所示(本题需要标注的只有在主视图中组合体底面到立板孔中心的总高 35)。

(5)检查尺寸封闭情况。如图 3-50a)所示,1、2、3 为三个串联尺寸,串联尺寸的特征为一个尺寸连接着同方向的下一个尺寸,类似链条,称为尺寸链。图中 1、2、3 三个串联尺寸与尺寸 4 并联,共四个尺寸形成了一个封闭的回路,称为尺寸链封闭。机械零件图中,由于工艺方面的要求,不允许尺寸链封闭,因此四个尺寸中必须去掉一个不重要的尺寸(如图3-50所示中尺寸 3 因不重要而去掉),或注为参考尺寸,即为尺寸数字加括号。

检查组合体尺寸封闭情况,应在长、宽、高三个方向上每个方向检查一次。通过检查,发现本题在高度方向上的三个尺寸 10、25、35 发生封闭(见图3-49中主视图),因此必须去掉一个不重要的尺寸 25(总体尺寸总高 35 必须保留,另外两个尺寸中一般保留底板的厚度 10)。

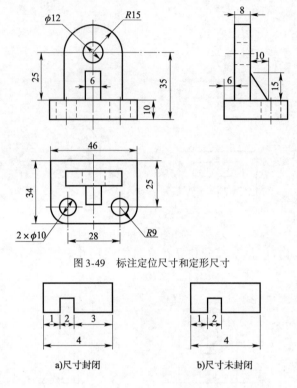

图 3-49 标注定位尺寸和定形尺寸

a)尺寸封闭　　　　　b)尺寸未封闭

图 3-50 检查尺寸封闭情况

本题最终尺寸标注结果如图 3-51 所示。

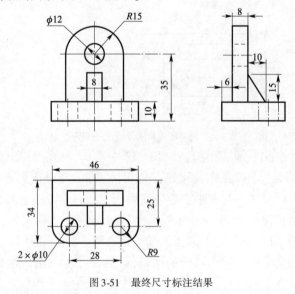

图 3-51 最终尺寸标注结果

五、组合体视图读图的基本方法

识读组合体视图时,要利用组合体形体分析法和线面分析法等理论、方法来对组合体进行分析。由于组合体形体分析法在前面已经阐述,下面只对线面分析法加以说明。

(一)线面分析法

线面分析法如图 3-52 所示。

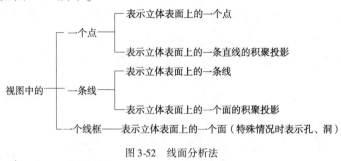

图 3-52　线面分析法

(二)组合体视图的读图基本方法和步骤

1. 组合体视图的读图基本方法

(1)应用形体分析法,假想将组合体分解为几个基本组成部分。根据已知的三视图,利用"高平齐、长对正、宽相等"投影规律,逐一找出每个部分的三个投影。

(2)应用线面分析法,逐一理解每个部分各个投影图中的点、线、线框的含义。逐一找出每个部分的几个投影图中形状特征明显的投影,并配合该部分的其他投影,想象出各部分的形状和结构。

找出位置特征明显的投影,并配合其他投影,逐一分析组合体中每相邻两部分的位置关系、组合形式和表面连接关系,最后综合想象出该组合体的整体形状和结构。

2. 识读组合体视图的步骤

(1)初步了解。初步识读、分解组合体。

找出形状特征和位置特征明显的视图,利用形体分析法假想将组合体分解为几个基本组成部分。

(2)分析形体。按部分找投影、分析形体、逐一想象。

利用"高平齐、长对正、宽相等"投影规律,找出每个部分的三个投影,并利用线面分析法逐一分析想象出每个部分的形状和结构。

(3)想出整体。分别组合、综合想象整体。

分析组合体中每相邻两部分的位置关系、组合形式和表面连接关系,综合想象出整个组合体的形状和结构。

(4)对照验证。

3. 组合体的三视图识读示例

组合体的三视图识读示例,如图 3-53 所示。

第一步:初步了解。初步识读、分解组合体。

经初步识读三视图,分析组合体,利用形体分析法将组合体分解为 1、2、3 三个部分。

第二步:分析形体。分部分找投影、逐一想象。

利用"高平齐、长对正、宽相等"投影规律,分别找出 1、2、3 三个部分的三个投影。分别如图 3-53a)、b)、c)所示。

利用线面分析法逐一想象出每个部分的形状和结构。如图3-53d)所示。

第三步:想出整体。分别组合、综合想象整体。

第四步:对照验证。

第1部分在第3部分上,并且位于第3部分左右的正中,第1部分和第3部后面平齐。第2部分(两个加强筋)在第3部分上,左右分别与第1部分贴紧、相交,并且后面与第1部分、第3部分后面平齐。最后综合想象出组合体整体的形状和结构,如图3-53e)所示。

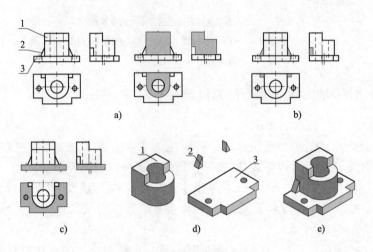

图3-53 组合体三视图的识读

图3-54所示为组合体三视图识读示例,读者可自行分析。

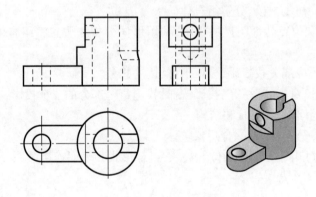

图3-54 组合体三视图识读示例

模块小结

(1)基本体包括平面立体、曲面立体。平面立体指表面全部是由平面围成的基本体,常用平面立体包括棱柱、棱锥(棱台)。曲面立体指表面全部是由曲面或平面与曲面围成的基本体,曲面立体包括圆柱、圆锥(圆台)和圆球。

(2) 平面立体的投影符合点、线、面的投影规律。

(3) 曲面立体的投影符合点、线、面的投影规律。

(4) 一个假想平面与基本体相交,截取基本体,形成一个被截平面,该平面称为截平面,截平面与基本体的交线称为截交线。

(5) 两基本体相交,称为相贯。两基本体相交所形成的新的立体,称为相贯体。当两基本体相交时,表面所产生的交线称为相贯线。

(6) 组合体是由两个以上的基本体组合在一起所形成的新的立体。

(7) 组合体投影符合"长对正、高平齐、宽相等"的投影规律。

(8) 组合体的尺寸标注的基本要求为正确、完整、清晰。

(9) 组合体视图的读图基本方法,主要利用组合体形体分析法和线面分析法等理论、方法来对组合体进行分析识读。

思考与练习

（一）作图题

1. 补画左视图（图 3-55）。

2. 根据轴测图,绘制立体的三视图（图 3-56）。

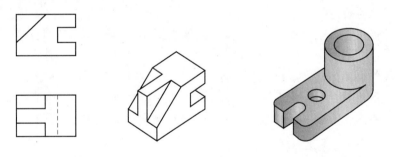

图 3-55　左视图　　　　　　　　图 3-56　三视图

（二）选择题

1. 平面体指基本体中表面（　　）的立体。
  A. 全部都是由平面围成　　　　B. 全部都是由曲面围成
  C. 由平面和曲面共同围成　　　D. 全部都是由曲面围成或由平面和曲面共同围成

2. 曲面体指基本体中表面（　　）的立体。
  A. 全部都是由平面围成　　　　B. 全部都是由曲面围成
  C. 由平面和曲面共同围成　　　D. 全部都是由曲面围成或由平面和曲面共同围成

3. 下列属于平面体的是( )。
   A. 圆柱和圆锥   B. 圆球和圆环   C. 棱锥和棱台   D. 圆台和棱柱
4. 下列属于曲面体的是( )。
   A. 圆柱和棱台   B. 圆球和圆环   C. 圆台和棱台   D. 圆台和棱柱
5. 下列不属于组合体组合形式的是( )。
   A. 叠加   B. 切割   C. 相贯   D. 混合
6. 下列不属于组合体的表面连接关系的选项是( )。
   A. 共面、相切   B. 相切、相交   C. 相交、不共面   D. 平行、倾斜
7. 下列不属于组合体尺寸种类的是( )。
   A. 定形尺寸   B. 基准尺寸   C. 定位尺寸   D. 总体尺寸
8. 下列属于分析形体方法的选项是( )。
   A. 综合分析法和投影分析法   B. 分解分析法和测量分析法
   C. 定位分析法和定形分析法   D. 形体分析法和线面分析法
9. 根据线面分析法,立体的某视图中有一个由粗实线(或虚线)构成的封闭线框,关于该线框下列中错误的选项是( )。
   A. 可能表示立体上的一个表面
   B. 如果表示立体上的一个表面,则该表面可能是平面也可能是曲面
   C. 可能表示立体上的一个孔、洞
   D. 可能是另外一个立体的重合投影
10. 求回转体表面上一般位置点的投影,有时需要作辅助线,下列说法正确的选项是( )。
    A. 圆柱曲面上既有素线又有纬圆   B. 圆柱曲面上既没有素线也没有纬圆
    C. 圆柱曲面上只有素线没有纬圆   D. 圆柱曲面上只有纬圆没有素线
11. 求回转体表面上一般位置点的投影,有时需要作辅助线,下列说法正确的选项是( )。
    A. 圆锥曲面上既有素线又有纬圆   B. 圆锥曲面上既没有素线也没有纬圆
    C. 圆锥曲面上只有素线没有纬圆   D. 圆锥曲面上只有纬圆没有素线
12. 求回转体表面上一般位置点的投影,有时需要作辅助线,下列说法正确的选项是( )。
    A. 圆球曲面上既有素线又有纬圆   B. 圆球曲面上既没有素线也没有纬圆
    C. 圆球曲面上只有素线没有纬圆   D. 圆球曲面上只有纬圆没有素线

模块四　轴测投影图

学习目标

1. 能够认识轴测投影图的基本知识；
2. 掌握正等轴测图的形成与斜二轴测图形成的区别；
3. 掌握正等轴测图和斜二轴测图的轴向伸缩系数；
4. 能够绘制正等轴测图；
5. 能够绘制斜二轴测图。

建议课时

4 课时。

三视图能够准确而完整地表达物体的形状和大小，度量性好，而且作图简便，如图 4-1a) 所示，因而在机械图样中得到广泛使用。但立体感和直观性差，必须对照几个投影，才能想象出物体的结构形状。而轴测投影图可以解决此缺陷，只用一个图形就能反映物体的长、宽、高三个不同方向的形状。尽管物体上的部分表面形状发生变形，不能反映真实大小，作图也较困难，但轴测图形象直观，立体感强，便于识图，如图 4-1b) 所示。因此，在设计和生产中常用作辅助图样。

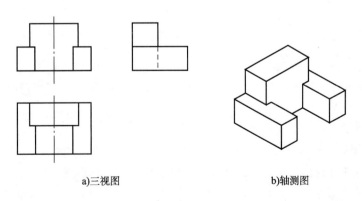

a) 三视图　　　　　　　　b) 轴测图

图 4-1　三视图与轴测图

一、轴测投影图基本知识

(一)轴测投影图的形成

1. 轴测图

轴测投影图是将物体连同确定其位置的空间直角坐标系,沿不平行于任一坐标平面的方向,用平行投影法将其投射在单一投影面(轴测投影面 P)上所得到的图形,简称轴测图,如图4-2所示。

2. 轴测轴

空间直角坐标轴 OX、OY、OZ 的轴测投影 O_1X_1、O_1Y_1、O_1Z_1 称为轴测轴,如图4-2所示。

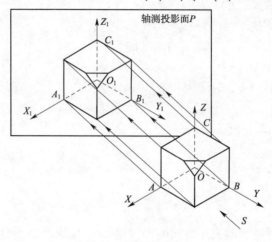

图4-2 轴测投影图

3. 轴间角

轴测轴之间的夹角 $\angle X_1O_1Y_1$、$\angle Y_1O_1Z_1$、$\angle Z_1O_1X_1$ 称为轴间角,如图4-2所示。

4. 轴向伸缩系数

轴测轴上的单位长度与相应直角坐标轴上单位长度的比值称为轴向伸缩系数。X_1、Y_1、Z_1 轴上的轴向伸缩系数分别用 p、q、r 表示。

(二)轴测图的种类

根据投影方向不同,轴测图可分为两大类,即正轴测图和斜轴测图。根据轴向伸缩系数不同,轴测图又可分为等测、二测和三测轴测图。以上两种分类方法相结合,可得到六种轴测图。

1. 正轴测投影(投影方向垂直于轴测投影面)

(1)正等轴测投影(简称正等测):轴向伸缩系数 $p=q=r$。

(2)正二等轴测投影(简称正二测):轴向伸缩系数 $p=r=2q$。

(3)正三测轴测投影(简称正三测):轴向伸缩系数 $p \neq q \neq r$。

2. 斜轴测投影(投影方向倾斜于轴测投影面)

(1)斜等轴测投影(简称斜等测):轴向伸缩系数 $p=q=r$。

(2)斜二等轴测投影(简称斜二测):轴向伸缩系数 $p=r=2q$。

(3)斜三测轴测投影(简称斜三测):轴向伸缩系数 $p\neq q\neq r$。

工程上主要使用正等轴测图和斜二轴测图,如图 4-3 所示,为使图形清晰,轴测图一般不画虚线。

本模块也只介绍这两种轴测图的画法。

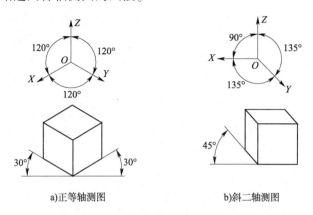

a)正等轴测图　　　　　　b)斜二轴测图

图 4-3　常见的轴测图

(三)轴测投影的基本性质

1. 平行性

物体上互相平行的线段,在轴测图中仍相互平行。物体上与坐标轴平行的线段,在轴测图中与对应的轴测轴平行。

2. 定比性

物体上两平行线段或同一直线上的两线段长度之比值,在轴测图上保持不变。

熟练掌握和运用以上性质,既能迅速而准确地画出轴测图,又能方便地识别轴测图画法中的错误。

二、正等轴测图

(一)正等轴测图的轴间角和轴向伸缩系数

使直角坐标系的三根坐标轴对轴测投影面的倾角相等,并用正投影法将物体向轴测投影面投射所得到的图形为正等轴测图,简称正等测图。

在正等轴测图中,当坐标轴 OX、OY、OZ 对轴测投影面的倾角相等时,三个轴向伸缩系数相等,各轴间角也相等,如图 4-4a)所示。即:$\angle X_1O_1Y_1 = \angle X_1O_1Z_1 = \angle Y_1O_1Z_1 = 120°$;$p=q=r=0.82$。

轴间角分别为 120°的三条轴测轴可用丁字尺与三角板配合画出,如图 4-4b)所示。

其中 O_1Z_1 轴画成铅垂方向,各轴向伸缩系数采用 $p=q=r=0.82$ 绘制,则平行于轴测轴的各轴向长度投影都要乘以轴向伸缩系数 0.82,如图 4-5a)所示。但作图麻烦,为了作图简便,通常采用简化的轴向伸缩系数 $p=q=r=1$ 来绘制正等轴测图,如图 4-5b)所示,即凡是与轴测轴平行的线段,投影作图时按实际长度直接量取。采用简化轴向伸缩系数方法绘制的正等轴测图比实际投影大一些,这样不仅不影响立体感,而且作图更方便了。

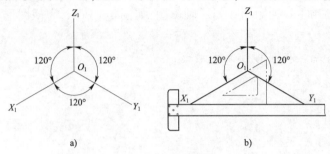

图 4-4　正等轴测图的轴间角与轴测轴

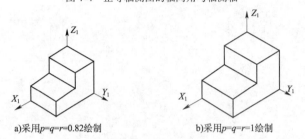

a)采用 $p=q=r=0.82$ 绘制　　　　b)采用 $p=q=r=1$ 绘制

图 4-5　正等测图轴向伸缩系数比较

(二)正等轴测图的画法

轴测图的作图方法有坐标法、叠加法、切割法等。坐标法是最基本的方法,它是根据立体表面上各顶点的空间坐标,分别画出其轴测投影,然后通过依次连接各顶点的轴测投影,来完成平面立体的轴测图。此外,国家标准规定,轴测图中物体的可见轮廓线用粗实线表示,表示不可见轮廓线的虚线一般不画;轴测轴可随轴测图同时画出,也可省略不画。

1. 长方体的画法

图 4-6a)所示为长立体的三视图,绘制其正等轴测图,步骤如下:

(1)作坐标轴,分别在 O_1X_1 上量取长 a 的尺寸,在 O_1Y_1 上量取宽 b 的尺寸,作底面平行四边形,如图 4-6b)所示。

(2)分别从各点向上量取长方体的高度 h,得出各点,用实线将各点连接,如图 4-6c)所示。

(3)擦掉多余图线并描深,完成全图,如图 4-6d)所示。

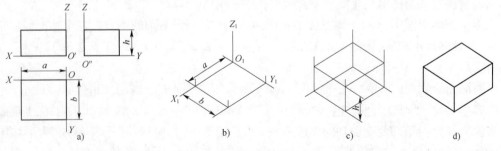

图 4-6　长方体正等轴测图画法

2. 正六棱柱的画法

图 4-7a) 所示为正六棱柱的主视图和俯视图,绘制其正等轴测图,步骤如下:

(1) 在视图上定坐标轴,取上底面对称中心为坐标原点,如图 4-7a) 所示。

(2) 画出轴测轴,根据六棱柱顶面各点坐标,在 $X_1O_1Y_1$ 坐标面上定出顶面各点的位置。在 O_1X_1 轴上定出 3_1、6_1 点,在 O_1Y_1 轴上定出 a_1、b_1 点,过点 a_1、b_1 作直线平行于 O_1X_1 轴,并在所作两直线标出 1_1、2_1、4_1、5_1 各点,如图 4-7b) 所示。

(3) 连接上述各点,得出六棱柱顶面投影,由各顶点向下作 O_1Z_1 轴的平行线。根据六棱柱高度,在平行线上截得棱线长度,同时也定出了六棱柱底面各可见点的位置,如图 4-7c) 所示。

(4) 连接底面各点,得出底面投影,擦去作图线,整理描深,完成全图,如图 4-7d) 所示。

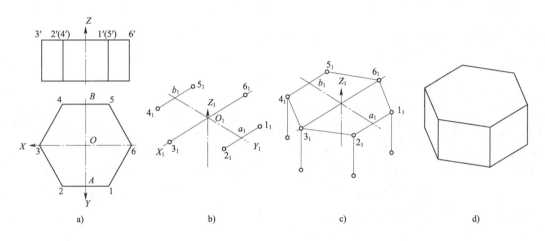

图 4-7 正六棱柱正等轴测图画法

3. 圆柱的画法

如图 4-8a) 所示为圆柱的主视图和俯视图,绘制其正等轴测图,步骤如下:

(1) 在视图上定坐标轴,取上底面中心为坐标原点,并作外切正方形,得切点 a、b、c、d,如图 4-8a) 所示。

(2) 画轴测轴,定出四个切点 A_1、B_1、C_1、D_1,作出圆外切正方形的轴测投影——菱形,如图 4-8b) 所示。

(3) 沿 Z 轴量取圆柱高度 h,采用相同方法作出下底菱形。画上、下底椭圆,如图 4-8c) 所示。

(4) 作上、下底椭圆的外公切线,擦去多余的图线并描深,即完成全图,如图 4-8d) 所示。

4. 组合体正等轴测图的画法

画组合体正等轴测图时,应该像画组合体三视图一样,先进行形体分析,分析组合体的构成,然后再作图。作图时,可先画出基本形体的轴测图,再利用切割法或叠加法完成全图。轴测图中一般不画虚线,从前、上面开始画起。另外,利用平行关系也是加快作图速度和提高作图准确性的有效手段。

如图 4-9e) 所示组合体的正等轴测图。从图 4-9a) 所示三视图可知,该物体是在长方体的基础上,切去上前方的小长方体,再切去左上角后形成的。绘图时先用坐标法画出完整的长方体,然后逐步切去各个部分。

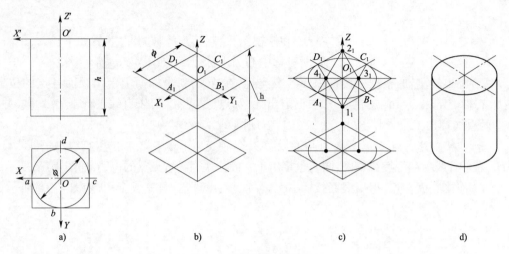

图 4-8　圆柱正等轴测图画法

作图步骤如下：

(1) 选定坐标原点和坐标轴，画出完整的长方体，如图 4-9b) 所示。

(2) 根据被挖长方体的高度和宽度，沿相应轴测轴方向量取尺寸，挖切上前方的长方体，如图 4-9c) 所示。

(3) 沿长度方向和高度方向量取尺寸，切去左上角，如图 4-9d) 所示。作图时，注意利用轴测投影的两个基本性质，即物体上与坐标轴平行的直线，在轴测图中仍平行于相应的轴测轴；物体上互相平行的直线，在轴测图中仍互相平行。

(4) 整理描深，完成全图，如图 4-9e) 所示。

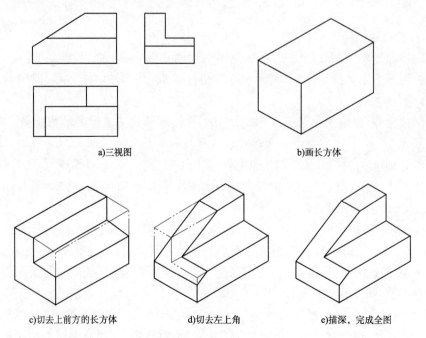

图 4-9　组合体的正等轴测图

如图4-10a)所示,已知组合体的三视图,求作其正等轴测图。分析该组合体由底板与立板两部分组成,其中立板为半圆柱与四棱柱叠加、经挖切圆柱孔组合而成;底板是四棱柱倒两圆角、经挖切两圆柱孔而成;两基本组成部分左、右、后表面平齐。

作图步骤如下:

(1)建立直角坐标系,为便于作图将 OX 轴与底板上表面与立板前表面的交线重合,OY 轴位于底板上表面的左、右对称中心线上,OZ 轴位于立板前表面的左、右对称中心线上,如图 4-10a)所示。

(2)画出轴测轴,如图 4-10b)所示。

(3)画出底板、立板未挖切及倒角前的正等测图,如图 4-10c)所示。

(4)作底板上表面两椭圆及圆角、立板半椭圆、椭圆的轴测投影,如图 4-10d)所示。

(5)将立板上绘出的椭圆向后平移,底板上绘出的圆角向下平移,并分别作出投影的公切线,如图 4-10e)所示。

(6)整理图线,检查描深,完成全图,如图 4-10f)所示。

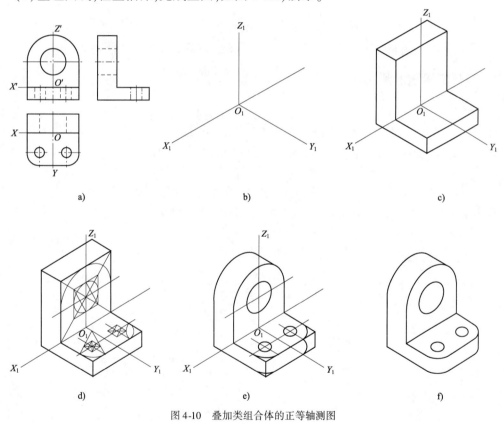

图 4-10 叠加类组合体的正等轴测图

三、斜二轴测图

(一)斜二测的轴间角和轴向伸缩系数

当物体上的 XOZ 坐标面平行于轴测投影面,而投射方向与轴测投影面倾斜时,所得到的轴测投影图称为斜二轴测图,简称斜二测图,如图 4-11 所示。

斜二测的轴间角为:$\angle X_1O_1Z_1=90°$,$\angle X_1O_1Y_1=\angle YOZ=135°$。各轴的轴向伸缩系数: O_1X_1 为 $p_1=1$,O_1Z_1 为 $r_1=1$,O_1Y_1 为 $q_1=0.5$,如图 4-12 所示。

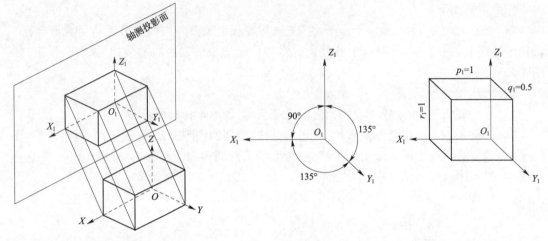

图 4-11 斜二测图的形成　　　　　图 4-12 斜二测图的轴间角和轴向伸缩系数

(二)斜二测图的画法

1. 正四棱台的画法

已知正四棱台的主视图和俯视图,如图 4-13a)所示,绘制其斜二测图,步骤如下:

(1)确定坐标轴的方向,如图 4-13b)所示,画出底面正四边形,O_1X_1 为 1:1 尺寸量取,O_1Y_1 为 1:2 尺寸量取。

(2)如图 4-13c)所示,在 O_1Z_1 上量取 h 尺寸,作出顶面正四边形。

(3)连接顶面和底面各棱点,得各棱线,擦掉多余图线并描深,完成全图,如图 4-13d)所示。

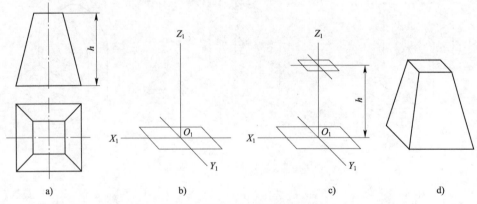

图 4-13 正四棱台斜二测图的画法

2. 圆台的画法

已知圆台的主视图和俯视图,如图 4-14a)所示,绘制其斜二测图,步骤如下:

(1)确定坐标轴的方向,沿 Y_1 以 0.5 的轴向伸缩系数依次决定前后圆的圆心位置,如图

4-14b)所示。

（2）画出前后各圆,如图4-14c)所示。

（3）作公切线,擦掉多余图线并描深,完成全图,如图4-14d)所示。

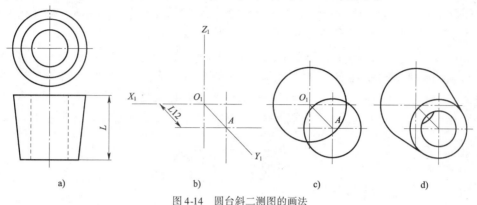

图4-14　圆台斜二测图的画法

3. 组合体斜二测画法

以图4-15为例,分析该组合体为一综合型组合体,形体既有叠加部分也有挖切部分,并且在正面投影上还存在圆的结构,所以选择斜二测图比较方便画图,也更加直观。作图步骤如下：

（1）在视图上定出直角坐标系,原点设在圆心,如图4-15a)所示。

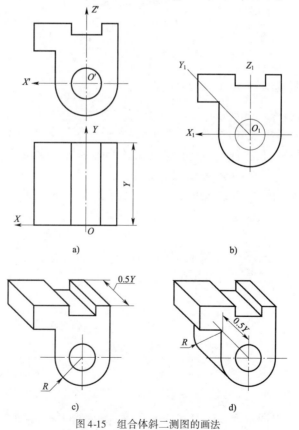

图4-15　组合体斜二测图的画法

(2) 在 $X_1O_1Z_1$ 坐标面内画出物体前面的图形,如图 4-15b) 所示。

(3) 沿 O_1Y_1 方向按 $0.5Y$ 画出上半部分轴测图,如图 4-15c) 所示。

(4) 将前面弧沿 O_1Y_1 斜移动 $0.5Y$ 至后面,作前后圆弧的公切线,如图 4-15d) 所示。

以图 4-16 为例,分析该组合体为叠加类组合体,可看成由三个部分组成,并有三个前后通孔,选择斜二测图比较方便画图,也更加直观。作图步骤如下:

(1) 取坐标轴,原点选在底面的圆心上,如图 4-16a) 所示。

(2) 画轴测轴,按原形绘制底面形状,将圆管内外圆沿 Z 轴平移圆管高度的一半,将两侧凸物沿 Z 轴平移其高度的一半,并画出轮廓线,如图 4-16b) 所示。

(3) 作前后圆弧的公切线,擦掉多余图线并描深,完成全图,如图 4-16c) 所示。

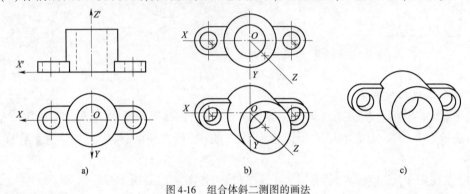

图 4-16　组合体斜二测图的画法

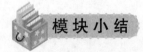

模块小结

(一) 轴测投影图基本知识

1. 轴测投影图的形成

(1) 将物体连同确定其位置的空间直角坐标系,沿不平行于任一坐标平面的方向,用平行投影法将其投射在单一投影面上所得到的图形称为轴测投影图,简称轴测图。

(2) 轴测轴用 O_1X_1、O_1Y_1、O_1Z_1 表示。

(3) 轴间角是指轴测轴之间的夹角 $\angle X_1O_1Y_1$、$\angle Y_1O_1Z_1$、$\angle Z_1O_1X_1$。

(4) 轴向伸缩系数:X_1、Y_1、Z_1 轴上的轴向伸缩系数分别用 p、q、r 表示。

2. 轴测图的种类

(1) 轴测图可分为两大类,即正轴测图和斜轴测图。

(2) 工程上主要使用正等轴测图和斜二轴测图。

3. 轴测投影的基本性质

(1) 平行性。

(2) 定比性。

(3) 实形性。

(二) 正等轴测图

(1) 正等轴测图的轴间角为:$\angle X_1O_1Y_1 = \angle X_1O_1Z_1 = \angle Y_1O_1Z_1 = 120°$。

(2)正等轴测图轴向伸缩系数通常用 $p=q=r=1$ 来绘制。
(3)正等轴测图的画法。

(三)斜二测图

(1)斜二测图的轴间角为：$\angle X_1O_1Z_1=90°$，$\angle X_1O_1Y_1=\angle YOZ=135°$。
(2)斜二测图轴向伸缩系数：$p_1=1,r_1=1,q_1=0.5$。
(3)斜二测图的画法。

思考与练习

(一)填空题

1. 用正投影法形成的轴测图称为_____；用斜投影法形成的轴测图称为_____。
2. 每两个轴测轴间的夹角,称为_____。
3. 常见的轴测图有_____和_____。
4. 正等轴测图的轴间角都是_____,轴向伸缩系数_____。
5. 斜二测图的轴间角为：_____,各个轴的轴向伸缩系数：$OX=$_____,$OY=$_____,$OZ=$_____。

(二)判断题

1. 为了简化作图,通常将正等轴测图的轴向变形系数取为1。　　　　　　(　　)
2. 正等轴测图的轴间角可以任意确定。　　　　　　　　　　　　　　　(　　)
3. 正等轴测图和斜二测图的轴间角完全相同。　　　　　　　　　　　　(　　)
4. 形体中互相平行的棱线,在轴测图中仍具有互相平行的性质。　　　　(　　)
5. 斜二测图的画法与正等轴测图的画法基本相同,只是它们的轴间角和轴向变形系数不同。　　　　　　　　　　　　　　　　　　　　　　　　　　　　　(　　)

模块五　机件的视图表达方法

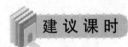

1. 掌握六个基本视图、向视图、局部视图、旋转视图、斜视图的概念、规定及识读；
2. 掌握剖视图的概念、种类、剖切面的种类及剖视图的识读；
3. 掌握局部放大图的概念、规定及识读；
4. 掌握各种简化画法的规定及识读；
5. 掌握中等复杂程度零件的各种表达方法的综合应用。

建议课时

8课时。

在图纸上表达一个零件，可以绘制出若干数量的视图，但是表达一个零件究竟需要采用几个视图，具体情况需要具体分析。通常确定视图的数量，可以遵循一个最基本的原则，即在能够完全反映清楚机械零件内、外部的形状和结构的前提下，视图的数量要越少越好。

本模块介绍国家标准《机械制图》《技术制图》图样画法中所规定的绘制图样的基本方法，主要包括视图、剖视图、断面图、局部放大图和各种规定的简化画法等。

一、视图

（一）基本视图

国家标准《机械制图》规定，用一个正六面体的六个表面作为基本投影面，如图5-1a)所示，机械零件位于该六面体内，然后从前、后、左、右、上、下共六个方向来观察零件，并采用正投影法绘制零件的图形。采用这种方法，可以得到六个视图，如图5-1b)所示，称为六个基本视图，分别为主视图、俯视图、左视图、右视图、仰视图、后视图。投影后，规定正投影面不动，把其他投影面展开到与正投影面成为同一个平面(图纸)上。

展开以后，国家标准规定的六个基本视图的配置(位置)关系如图5-1c)所示。六个基本视图同样有"高平齐、长对正、宽相等"的投影关系，如图5-1d)所示。

按照标准规定配置(位置)关系摆放各个基本视图，只需画出图形，不必注出各视图的名称。在各个视图中,一般只画机件的可见部分,必要时(能减少视图数量的情况下)才画出其不可见部分(虚线)。

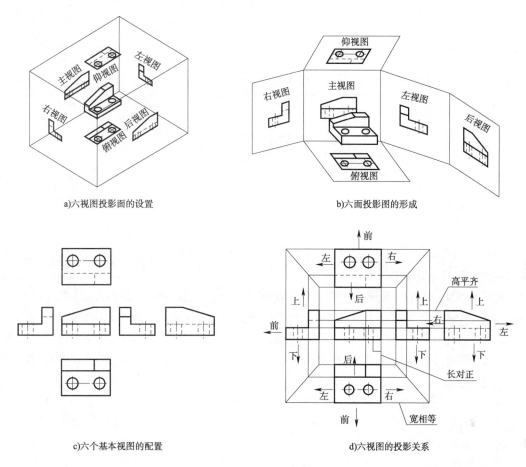

图 5-1 基本视图

与三视图相同,六个基本视图之间同样存在"高平齐、长对正、宽相等"的投影规律,学生在学习的过程中同样必须弄清楚每个基本视图的前、后、左、右、上、下六个方位关系。

(二)向视图

当某个基本视图不能按照规定的位置配置时,国家标准规定,允许自由配置视图。不按规定的位置配置的基本视图即为向视图。此时,应在其他某个基本视图上用箭头指明向视图的投影方向,并在箭头的附近注上大写的英文字母"×",同时在向视图的正上方标出相同的字母(也可加上"向",即"×向")。

如图 5-1 所示零件,六个基本视图按标准规定位置配置时应如图 5-1c)所示。但是,当所选择图纸的幅面大小不够摆放标准位置配置的六个基本视图时,可以采用向视图的方法,将其中某个(或几个)基本视图改变其标准规定的位置,而配置到图纸上的其他位置上,如图 5-2 所示,并按向视图的规定进行标注。

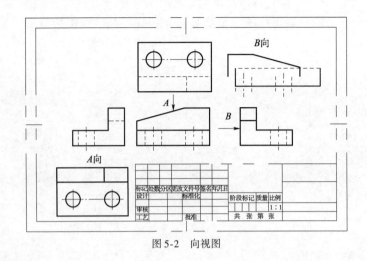

图 5-2　向视图

(三)局部视图

局部视图是指零件的某一部分向基本投影面投影所得到的视图。局部视图的标注方法和向视图的标注方法相同。

如图 5-3 所示零件,当画出主视图和俯视图二个视图后,零件的圆筒和底板两个部分已经表达清楚,但圆筒上部左边带孔平面和右边的槽尚未反映清楚。为了表达带孔的平面,需要画出左视图;为了表达槽,需要画出右视图。这样,为了反映零件某个较小的局部而画出整个视图,作图过程非常烦琐,而且也没有必要。为此,可以采用局部视图的方法来解决问题。局部视图实际上就是所要画出的整个视图的局部。

按照国家标准的规定,画局部视图的时候,用波浪线把要画出的部分和不画出的部分隔开,如图 5-3a)所示。如果局部要表达的部分本身轮廓呈封闭状态,则局部视图中不画波浪线,如图 5-3b)所示。

当局部视图摆放的位置与其他视图的位置关系是按国家标准规定的位置配置,并且符合"高平齐、长对正、宽相等"的投影规律时,则不需要标注,如图 5-3a)、b)所示。当局部视图摆放的位置与其他视图的位置关系没有按国家标准规定的位置配置时,即局部视图摆放在其他任何位置时,则需要进行标注,如图 5-3c)、d)所示。

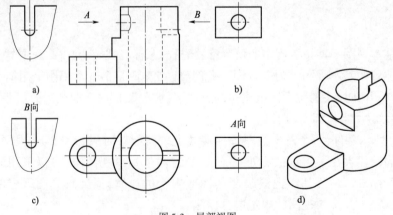

图 5-3　局部视图

(四)斜视图

画基本视图时,首先应该把机件正放,使机件的主要表面平行或垂直基本投影面,则所得到的视图能够反映机件表面的实形。但某些机件存在着倾斜部分,如图 5-4 所示机件,不论怎样放置,总有一部分与基本投影面倾斜。由于斜面与基本投影面倾斜,因此在各基本投影面上均不反映实形,同时也增加了画图的难度。为此,可以采用斜视图的方法来解决此类问题。

机件向新设立的倾斜投影面投影所得到的视图称为斜视图。如图 5-4a)所示,在倾斜部分的一侧,放置一个与斜面平行的投影面,从另一侧垂直于斜面来进行观察,经过这种方法投影以后在倾斜投影面上得到的视图即为斜视图,并且能够反映出斜面的实形。

投影后,将倾斜投影面向外侧展开摊平,画出的斜视图如图 5-4b)所示。由于所画出的斜视图呈倾斜状态,允许将斜视图旋转到正位画出,但应在旋转后的斜视图的正上方注明"⌒×"。旋转的时候应注意,可以顺时针旋转,也可以逆时针旋转,但旋转角小于90°。经旋转后的斜视图如图 5-4c)所示。

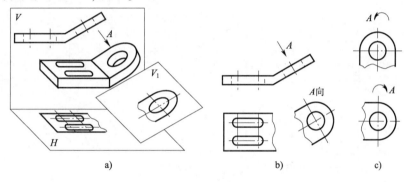

图 5-4 斜视图

(五)旋转视图

某些机件存在着倾斜部分,当倾斜部分相对于其他部分具有较独立的形体,并且具有明显的旋转轴时,可假想将机件的倾斜部分旋转到与某一选定的基本投影面平行后再向该投影面进行投影,所得的视图称为旋转视图。如图 5-5 所示,图中俯视图即为旋转视图。旋转视图不需要作任何标注。

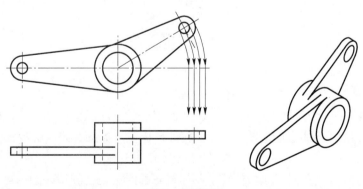

图 5-5 旋转视图

二、剖视图

(一)剖视图的概念

根据国家标准的规定,零件内部不可见的结构形状的轮廓线,在视图中用虚线表示,如图 5-6a)所示。如果零件内部结构形状复杂,这样视图中就会出现较多的虚线,给绘图、读图和尺寸标注带来不便。国家标准规定采用"剖视"的方法来反映零件内部的形状与结构。

如图 5-6c)所示,假想用剖切面在适当位置剖开零件,把处在观察者和剖切面之间的部分移去,将剩余部分向投影面投影,所得的图形称为剖视图。

注意,剖视图是为了反映零件内部的孔的结构和形状,而孔的各个投影中有的为"圆视图",有的为"非圆视图"。画剖视图时,是把原来的"非圆视图"改画为剖视图,如图 5-6b)所示。如果将原来的"圆视图"改画为剖视图,则没有起到反映孔的结构和形状的作用,即无任何意义。

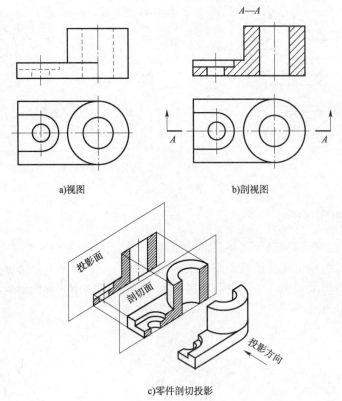

图 5-6 剖视图的形成

由于"剖视"是一个假想的作图过程,采用剖视图的方法画出来的是零件的一部分,而零件实际上是完整的。因此,画出剖视图后必须进行标注。如图 5-6b)所示,剖视图的标注包括四项内容:

(1)剖切符号。表示剖切面的位置。剖切符号的画法是在剖切面的起点、终点和转折点处,画出两小段粗实线,线宽为$(1\sim1.5)d$。

(2)箭头。表示投影方向。箭头画在剖切面的起点、终点处,并且箭头线尾与剖切符号垂直相接。

(3)字母。表示剖视图与剖切位置的对应关系。应在剖切面的起点、终点、转折点处,即所有剖切符号附近标注相同的字母"×",并在对应的剖视图的正上方标注相同的字母"×—×"。

(4)剖面符号。表示"剖视"过程中产生的假想断面。根据国家标准的规定,各种材料的剖面符号见表5-1。由于机械零件大多都是由金属材料制造的,所以这里我们只学习金属材料的剖面符号。金属材料的剖面符号是一组间隔均匀相等、方向相同、与水平线夹角45°的细实线。绘制45°剖面线时需要注意以下几点:

①在剖视图中,同一个零件如果有两个以上的断面,所有这些断面上的剖面线应方向一致并且间距相等。

各种材料的剖面符号　　　　　　　　　表5-1

材料名称	剖面符号	材料名称	剖面符号
金属材料(已有规定剖面符号者除外)		液体	
非金属材料(已有规定剖面符号者除外)			
木材　纵剖面		木质胶合板(不分层数)	
木材　横剖面		混凝土	
玻璃及供观察用的其他透明材料		钢筋混凝土	
线圈绕组元件		砖	
转子、电枢、变压器、电抗器等的叠钢片		基础周围的泥土	
型砂、填砂、粉末冶金、砂轮、陶瓷刀片、硬质合金刀片等		格网(筛网、过滤网等)	

②从图形美观的角度上来考虑,45°剖面线的间距要稍大一些为好。一般原则为以同一个零件上的若干个断面中最小的那个断面上能画出2~3条45°线为宜,其他的断面上的45°剖面线则采用与其相同的间距,如图5-6b)所示。

③当断面图形主要轮廓线为45°时,国家标准规定,剖面线采用30°或60°画出,如图5-7中A-A所示。

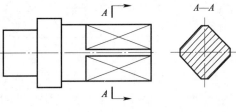

图5-7　采用30°或60°剖面线

(二)剖视图的种类

1. 全剖视图

用一个(或几个)剖切面完全将零件剖开后所得到的剖视图称为全剖视图,如图5-6所示。全剖视图主要用于内部结构形状复杂、外部结构形状简单的零件。由于零件内部结构形状变化较多,可选用不同数量、位置、范围和形状的剖切面来剖切零件,以便更清楚地表达零件内部的结构和形状。常用剖切面的种类有以下5种:

(1)单一剖切平面。用一个剖切平面将零件完全剖开后所得到的剖视图,如图5-6c)所示。

(2)两相交的剖切平面。用两个相交的剖切平面(交线垂直于某一基本投影面)将零件完全剖开后,假想将倾斜部分旋转到与所选定的投影面平行后再进行投影,则可得到剖视图,如图5-8所示。这种剖切方法也称为旋转剖,常用于具有较明显旋转轴的零件。标注时,在剖切面的起点、终点和转折点处画出剖切符号,并标出相同的字母"×",其余的标注内容的标注方法与单一剖相同。注意,图中剖切符号中的箭头表示投影方向而非旋转方向。

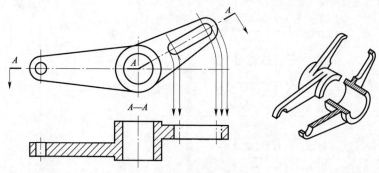

图5-8 两相交的剖切平面

(3)几个平行的剖切平面。用几个平行的剖切平面(平行于基本投影面)将零件完全剖开后,可得到剖视图,如图5-9所示。这种剖切方法也称为阶梯剖。绘图时,应将几个平行的剖切平面视为一个剖切平面,在剖视图中剖切平面转折处所对应的地方不画出轮廓线。标注时,在剖切面的起点、终点和转折处画出剖切符号,并标出相同的字母"×",其余的标注内容的标注方法与单一剖相同。

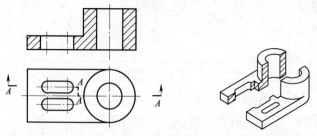

图5-9 几个平行的剖切平面

(4)组合的剖切平面。当零件的内部结构形状比较复杂,采用上述剖切方式不能完全表达清楚时,可以采用以上几种剖切平面的组合来剖切零件,也称为复合剖,如图5-10所示。

(5)不平行于任何基本投影面的剖切平面。当零件上存在倾斜部分,需要表达倾斜部分内部结构形状时,可以采用与基本投影面不平行的剖切平面来剖切零件,再向与剖切平面平行的投影面进行投影,这种方法也称为斜剖,如图 5-11 所示。

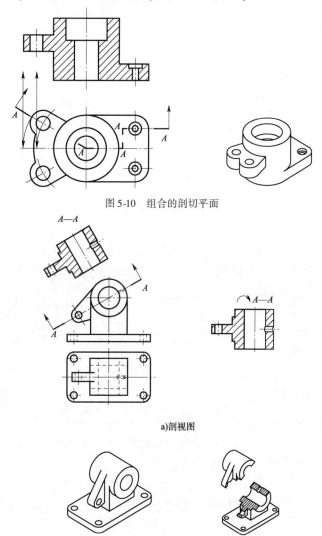

图 5-10 组合的剖切平面

a) 剖视图

b) 零件及剖切面

图 5-11 不平行于任何基本投影面的剖切平面

斜剖视图的图形呈倾斜状态,允许旋转到正位画出,可顺时或逆时针旋转,但旋转角<90°,并且应在旋转后的斜剖视图正上方标注"⌒A—A"。

2. 半剖视图

当零件具有对称平面时,可以将在垂直于对称平面的投影面上投影所得到的图形,以对称线为界,一半画成视图,另一半画成剖视图,这种组合图形称为半剖视图,如图 5-12 所示。采用半剖视图,既能反映零件内部的结构形状,同时又能够保留零件的外形。绘制半剖视图时应注意下面几点:

(1) 半剖视图中,半个视图和半个剖视图的分界线只能是点画线,而不能是粗实线、虚线或其他线条。

（2）半剖视图一般不进行标注。

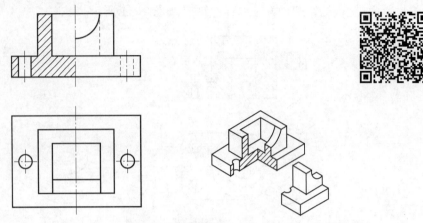

图5-12　半剖视图

3．局部剖视图

为了表达零件内部的结构形状，用剖切平面剖开零件的一部分，并用波浪线作为剖开部分与未剖开部分的分界线，所得的剖视图称为局部剖视图，如图5-13所示。

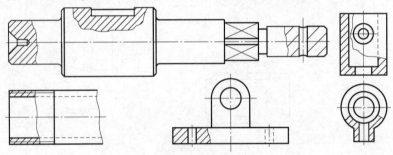

图5-13　局部剖视图

局部剖视图一般适用于下面几种情况：

（1）既需反映零件的内部结构形状，又需保留其局部外形时。

（2）对称的零件，其图形的对称线恰好与零件的轮廓线重合，因而不宜采用半剖视图时，如图5-14所示。

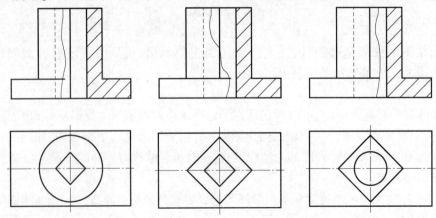

图5-14　不宜采用半剖视图的情况

画局部剖视图时应注意以下几点：
（1）局部剖视图一般不需要进行标注。
（2）如有特殊需要，可以在剖视图的剖面中再作一次局部剖，但两个剖面的剖面线的方向、间距应相同，且间隔要互相错开，如图5-15所示。
（3）零件剖切的中断波浪线只画到被剖切材料的范围之内。如图5-16所示，P平面只剖到了底板，主视图中波浪线画到立板上即为错误，S平面只剖到了立板，俯视图中波浪线画到底板上即为错误。

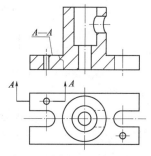

图5-15 在剖视图的剖面中再作一次局部剖 A-A

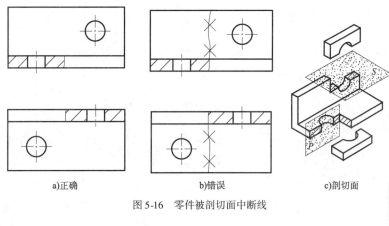

a)正确　　　　b)错误　　　　c)剖切面

图5-16 零件被剖切面中断线

三、断面图

假想用剖切平面将零件的某处断开，只画出其断面的图形，称为断面图，如图5-17和图5-18所示。

断面图与剖视图的区别是：断面图只画出断面的形状，如图5-18a)、b)所示，而剖视图不仅要画出断面的形状，而且还要画出断面后面剩余的其他部分，如图5-18c)所示。

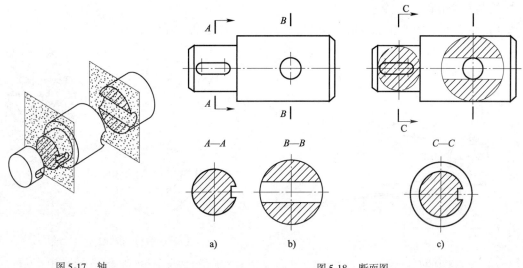

图5-17 轴　　　　图5-18 断面图

断面图分为移出断面图和重合断面图两类。

(一)移出断面图

将断面图形画在原来的视图外面,称为移出断面图,如图 5-18a)、b) 所示。绘制移出断面图时应注意以下几点:

(1)国家标准规定,移出断面图中的可见轮廓线用粗实线绘制,并尽量画在剖切平面位置线的延长线上。必要时也可将移出断面图画在其他适当位置上。

(2)通常断面图只画出断面的轮廓线,如图 5-18a)所示,但当剖切平面通过由回转体所形成的圆孔、锥孔、凹坑的轴线时,断面图应画成封闭的图形,如图 5-18b)和图 5-19 所示。

(3)当剖切平面通过非回转体孔,会导致出现完全分离的两个断面时,其图形按剖视图绘制,如图 5-20 所示。

(4)为了反映断面的实形,当采用两个(或多个)相交的剖切平面剖切零件来画移出断面图时,中间应用波浪线断开,如图 5-21 所示。

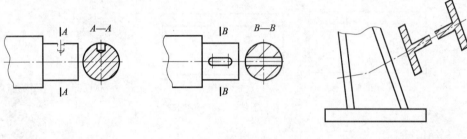

图 5-19　剖切面过盲孔　　　图 5-20　剖切面过通孔　　　图 5-21　两相交剖切平面

(二)重合断面图

在不影响图形清晰的前提下,可将断面图画在原视图里面,称为重合断面,如图 5-18c)所示。

绘制重合断面图应注意以下几点:

(1)重合断面图的轮廓线规定用细实线绘制,如图 5-22、图 5-23 所示。

图 5-22　重合断面图　　　　图 5-23　吊钩重合断面图

(2)当视图的轮廓线与重合断面的图形重叠时,视图的轮廓线仍按原来的画出,不可间断,如图5-18c)和图5-22所示。

断面图的标注方法如下：

(1)一般移出断面图应用剖切符号表示剖切平面的位置,用箭头表示投影方向,在剖切符号的附近标注相同的字母"×",并在对应的断面图的正上方标注相同的字母"×-×"。

(2)移出断面图如果画在剖切位置的延长线上,可省略字母。

(3)重合断面图一般不标字母,如图5-18c)所示。

(4)当从箭头正、反两个方向投影断面所得到的断面图形相同时,可以省略箭头,如图5-18中"B-B"所示。

(5)对称的重合断面图和画在剖切位置的延长线上且图形对称的移出断面图,可以不进行标注,如图5-21和图5-23所示。

四、其他规定画法

(一)局部放大图

将零件上的部分结构,用大于原图形所采用的比例画出的图形称为局部放大图,如图5-24所示。

局部放大图可以采用视图、剖视图、断面图的形式画出,与原来被放大的部分所采用的绘图形式无关。局部放大图所采用的比例应根据需要确定,与原图形所采用的比例大小无关。

局部放大图的标注规定如下：

(1)用细实线圆圈在原视图中把需要放大的部分圈出,然后从圆圈上用细实线倾斜引出,并用罗马数字顺序标注,在局部放大图的正上方采用分数形式标出对应的罗马数字和所采用的比例。

(2)当图中零件上有几处需要放大时,各个局部放大图所采用的比例可以不要求相同。

(3)当图中零件上有几处需要放大但又结构相同时,可以用细实线圆圈将这几处圈出,每处标上相同的罗马数字,图形相同的局部放大图只画出一个即可,如图5-24a)所示。

(4)当图中零件上只有一处被局部放大,即只有一个局部放大图时,在局部放大图的上方可以只标注放大图所采用的比例,不必标注罗马数字,如图5-25所示。

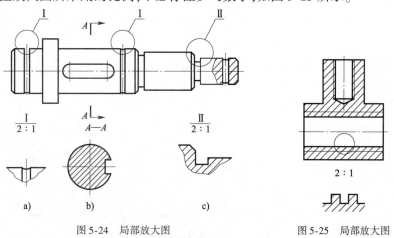

图5-24 局部放大图　　　　图5-25 局部放大图

(二)简化画法

为了提高绘图效率,更加清晰地反映零件,除了视图、剖视图、断面图以外,国家标准中还规定了一些简化画法。

(1)剖视图中的简化画法。

①对于零件上的肋、轮辐、薄壁等实心杆状和板状结构,若纵向剖切,这些结构都不画剖面符号,而用粗实线与其邻接部分分开,如图5-26、图5-27所示。

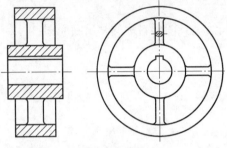

图5-26 轮辐

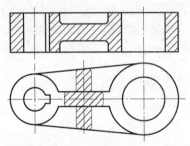

图5-27 板状结构件

②对于回转零件上沿圆周均匀分布的肋、轮辐、孔等结构,虽未剖到但在剖视图中均将这些结构旋转到剖切平面上画出,如图5-28所示。

(2)移出断面的简化画法。在不致引起误解的前提下,零件图中的移出断面允许省略剖面符号,但其他标注仍按规定不变,如图5-29所示。

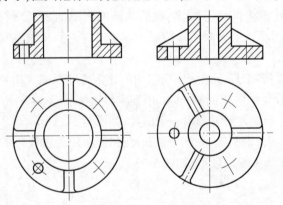

图5-28 沿圆周均布结构的简化画法

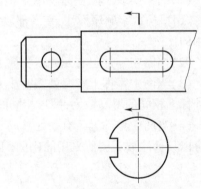

图5-29 移出断面的简化画法

(3)相同结构要素的简化画法。零件上的相同结构,如孔、槽、齿等,如果尺寸相同且按规律分布时,允许只画出一个或几个完整的结构,画出中心线位置或用细实线连接,但在图中应注明数量,如图5-30所示。

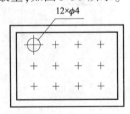
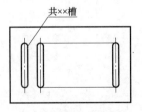

图5-30 相同结构要素的简化画法

(4)当零件上的平面在图形中不能充分表达时,可用两条相交的细实线表示,如图5-31所示。

(5)在不致引起误解时,对称零件的视图允许只画一半或1/4,但按规定应在对称中心线的两端画出两条与其垂直的平行短画细实线,如图5-32所示。

图5-31 用平面符号表示平面　　　　　图5-32 对称图形的简化画法

(6)表示键槽的局部视图可按图5-33所示的方法绘制。

(7)零件表面上的滚花部分,可在轮廓线附近用细实线示意画出,如图5-34所示。

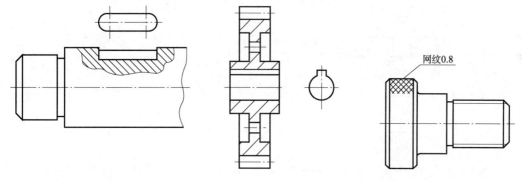

图5-33 键、键槽的简化画法　　　　　图5-34 表面滚花的简化画法

(8)零件倾斜表面上的圆或圆弧,其对应的投影分别为椭圆或椭圆弧,当该倾斜表面与投影面的倾斜角度≤30°时,其对应投影可分别用圆或圆弧代替,如图5-35所示。

(9)较小结构的简化画法。在不致引起误解时,零件上的较小结构可采用简化画法绘制。

①零件上较小圆角、较小倒角允许省略不画,但需注明或在技术要求中说明,如图5-36所示。

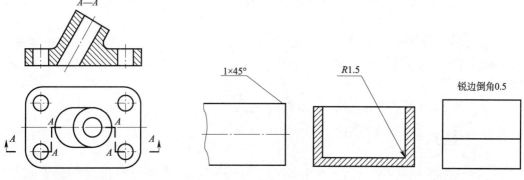

图5-35 斜面上圆的简化画法　　　　　图5-36 较小圆角、倒角的简化画法

②零件上较小相贯线可用直线代替,如图 5-37 所示。
③零件上较小的斜度,可按小端画出,如图 5-38 所示。

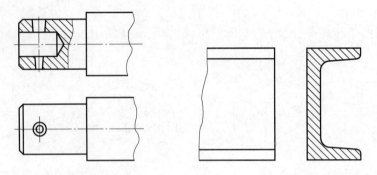

图 5-37　较小相贯线的简化画法　　　　图 5-38　较小斜度的简化画法

(10)较长的零件(轴、杆、型材等)且沿长度方向的形状一致或按一定规律变化时,可断开缩短绘制,但必须按原来的实际长度标出尺寸,如图 5-39 所示。

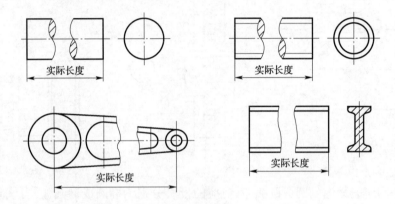

图 5-39　较长的零件(轴、杆、型材等)的简化画法

五、各种表达方法的综合应用

在表达零件时,应根据零件结构形状的具体情况来确定表达方案,有选择地采用国家标准规定的各种表达方法,力求在能够完全反映零件结构形状的前提下所采用视图的数量最少。

同一个零件可以有多种表达方案,每一种表达方案各有其优缺点,只有熟悉各种表达方法的规定,并通过大量练习和积累,才能正确、灵活地运用各种表达方法,来分析零件和表达零件。

下面以图 5-40 所示零件为例,介绍零件表达方法的分析步骤。

(一)概括了解

了解零件的表达方法共采用了几个视图?从视图的数量、投影方向、图形轮廓初步了解零件的复杂程度。

图 5-40 所示零件共采用了 4 个视图。其中 2 个为局部剖视图(主视图、左视图),即在基本视图中作了局部剖视;1 个为剖视图(俯视图);1 个为向视图(B 向视图)。

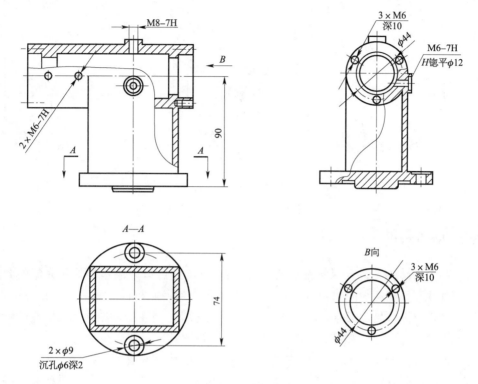

图 5-40 零件视图

(二)分析视图

主视图采用了局部剖,表达了零件的主要外形轮廓。从主视图中可以看出,该零件由上部横置的圆筒、中部竖置的矩形管、底部的圆盘形底座三个部分构成。另外,主视图中还反映了横置圆筒、竖置矩形管、底座三个部分的相互位置关系、上部横置圆筒内部阶梯孔的结构和 2×M6-7H 螺孔的位置、左端面和右端面上共 6 个 M6(深 10)螺孔的结构、顶部 M8-7H 螺孔的结构和位置等内容。

左视图采用了局部剖,表达了底座及底座上的两个孔的结构形状、横置圆筒前部带圆形凸台的 M6-7H 螺孔的结构和位置、横置圆筒左端面上 3 个 M6(深 10)螺孔的位置等内容。

俯视图采用了全剖视图,表达了竖置矩形管的断面形状、底座的实形、底座上两个孔的位置等内容。

B 向视图表达了横置圆筒右端面上 3 个 M6(深 10)螺孔的位置等内容。

(三)形体分析,综合想象零件形状

运用组合体的读图方法,结合各种表达方法的规定,逐一想象出每一部分的结构形状,最后再综合想象出整个零件。图 5-41 为该零件的立体图。

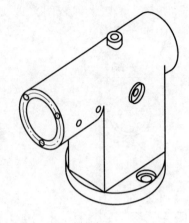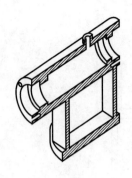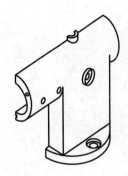

图 5-41　零件立体图

模块小结

(1) 表达一个零件,除了采用前面所学的三视图外,还可以采用本模块所介绍的各种视图、各种剖视图、局部放大图、各种简化画法等。但是表达一个机件究竟需要采用几个视图?具体情况需要具体分析。通常确定视图的数量,可以遵循一个最基本的原则,即在能够完全反映清楚机械零件内、外部的形状和结构的前提下,视图的数量要越少越好。

(2) 绘制一个立体(零件)时,首先进行形体分析,将其分解成若干部分。然后拟订表达方案,当一个视图能够将各部分表达清楚时,即不画第二个视图;当两个视图能够将各部分表达清楚时,即不画第三个视图,以此类推。当已经采用某几个视图后,还有某个部分未表达清楚时,所增加的下一个视图要能够反映该部分的内容。总之,每一个视图都要有独立存在的意义。

(3) 读零件视图时,读图步骤为:概括了解、分析视图、形体分析,最后综合想象零件形状。

思考与练习

(一) 作图题

1. 如图 5-42 所示,补全六个基本视图。

图 5-42　视图

2. 如图 5-43 所示,绘制剖视图。

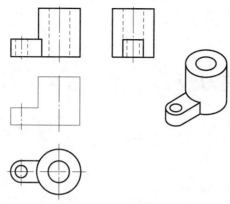

图 5-43 剖视图

(二)选择题

1. 局部视图与斜视图不同之处是(　　)。
   A. 投影范围不同　　　　　　　　B. 投影面不同
   C. 投影标注不同　　　　　　　　D. 投影图的数量不同

2. 局部视图与向视图不同之处是(　　)。
   A. 投影范围不同　　　　　　　　B. 投影面不同
   C. 投影标注不同　　　　　　　　D. 投影图的数量不同

3. 关于斜视图与向视图,说法正确的是(　　)。
   A. 投影范围相同　　　　　　　　B. 投影面相同
   C. 投影标注相同　　　　　　　　D. 投影图的质量相同

4. 局部视图与基本视图不同之处是(　　)。
   A. 投影范围不同　　　　　　　　B. 投影面不同
   C. 投影位置不同　　　　　　　　D. 投影图的数量不同

5. 下列不属于剖视图种类的是(　　)。
   A. 全剖视图　　　　　　　　　　B. 半剖视图
   C. 旋转剖视图　　　　　　　　　D. 局部剖视图

6. 下列不属于剖切面种类的是(　　)。
   A. 单一剖　　　　　　　　　　　B. 旋转剖
   C. 阶梯剖　　　　　　　　　　　D. 半剖

7. 采用组合的剖切平面(既有旋转剖又有阶梯剖)剖切立体,所画出的剖视图属于(　　)。
   A. 全剖视图　　　　　　　　　　B. 半剖视图
   C. 斜剖视图　　　　　　　　　　D. 局部剖视图

模块六　零　件　图

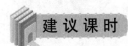

学习目标

1. 能够认识零件图的作用与基本内容；
2. 能够认识零件图基本表达方案；
3. 能够认识零件图的尺寸标注要求和方法；
4. 能够认识零件图技术要求；
5. 能够掌握零件图的基本读识方法；
6. 能够绘制简单的零件图。

建议课时

8 课时。

一、零件图的基本内容

一部机器或机构，不论结构如何，都是由若干零件构成。零件是组成机器或机构的基本单元，如图 6-1 所示。零件图是用于生产制造产品零件和交流的技术文件。零件图是表示零件结构、大小及技术要求的图样，它是制造、检验零件的依据，是设计和生产部门的重要技术文件。

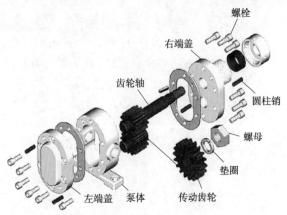

图 6-1　齿轮泵总成

零件图主要包括:一组视图,完整尺寸和技术要求。

(一)零件图的作用

零件图是设计、制造和检验零件的主要依据,是零件设计、制造的重要技术文件,也是技术交流的重要资料。

零件图是指导零件的生产制造,表达单个零件的结构形状、尺寸大小、技术要求等内容的图样,如图6-2、图6-3所示。

图6-2 轴承零件

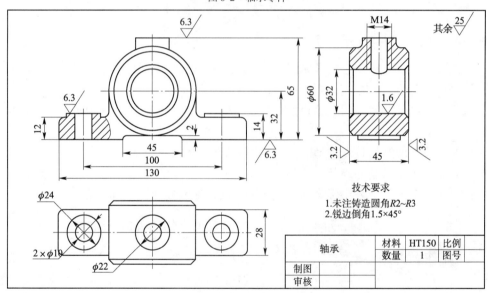

图6-3 轴承零件图

(二)零件图的主要内容

(1)一组视图。完整、清晰地表达零件的结构、形状。

(2)一组完整的定形尺寸、定位尺寸标注。

(3)完整的技术要求。包括尺寸公差、形位公差和表面粗糙度及热处理、表面处理、材料等技术要求。

(4)标题栏及图框。采用国家标准规定的标题栏和图框,包括设计、制图、审核、审批、名称、比例及材料等栏目。

二、零件图的表达方法

零件图的表达方法是采用一组视图。这一组视图不局限于主视图、俯视图、左视图三个基本视图,也可以采用各种视图表达方法,在满足完整、清晰表达的基础上,尽量减少投影视图,使整个图样清晰明了。

(一)主视图的选择

主视图是零件图的核心,最能反映零件特征。主视图在这一组视图中起着重要作用,对其他视图运用产生影响。绘制零件图,首先需要确定主视图。

主视图的选择原则:

(1)结构形状特征最明显:应该能将组成零件的各形体间的相互位置和主要结构、形状表达得最清楚。

(2)以零件工作位置作为主视图:通常也可以按照零件在机器或机构工作位置选取主视图,这样容易理解、想象零件在机器或机构中的作用。

(3)以零件在机械加工中位置为主视图:按照零件在主要加工工序中的装夹、加工位置选取主视图。

(二)其他视图的选择原则

主视图选定以后,配合主视图,在完整、清晰地表达出零件结构形状的前提下,其他视图数量尽可能少。因此,配置其他视图时应注意以下几个问题:

(1)每个视图都有明确的表达目的和重点,各个视图互相配合、互相补充,表达内容尽量不重复。

(2)根据零件的结构特点选择恰当的剖视图和断面图。

(3)对尚未表达清楚的局部形状和细小结构,补充必要的局部视图和局部放大图。

(4)投影视图应尽量采用国家标准规定的省略画法和简化画法加以表达。

(三)典型零件的表达方法

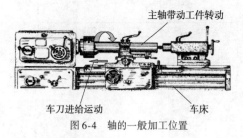

图6-4 轴的一般加工位置

1. 轴类的零件

轴类零件的基本形状是同轴回转体,主要加工方法是车削和磨削,在车床或磨床上装夹时以轴心线定位,如图 6-4 所示。所以该类零件的主视图常将轴心线水平放置。因为轴类零件一般是实心的,所以主视图多采用不剖或局部剖视图,对零件上的沟槽、孔可采用移出断面或局部放大图,如图 6-5 所示。

2. 圆盘盖类零件

圆盘盖类零件一般为回转体或其他几何形状的扁平的盘状体,通常还带有凸缘、均布的圆孔和肋等结构,为了充分表达零件内部结构,主视图常取全剖视图或半剖视图。此外还需选用一个端面视图,为了表达细小结构还常采用局部放大图,如图 6-6 所示。

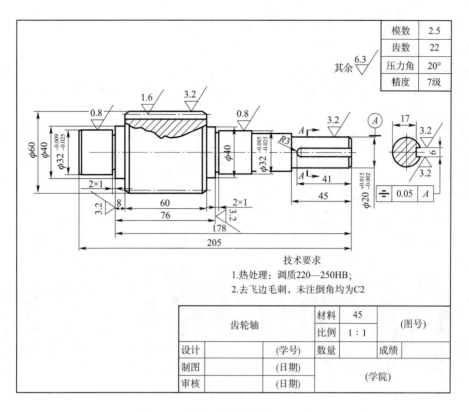

图 6-5 齿轮轴零件图

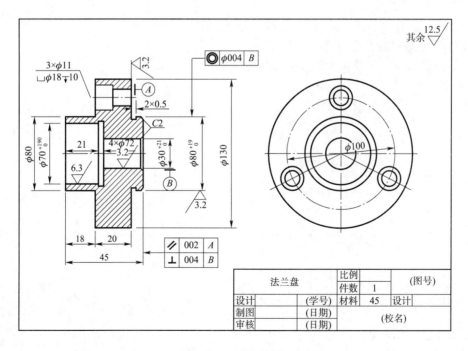

图 6-6 法兰盘零件图

3. 支架类零件

常用支架类零件一般比较复杂，形状结构特殊，主视图的选择要能够反映零件形状特征，其他视图配合主视图表达零件结构，也可应用局部视图、断面图等方法表达零件的局部结构。

轴承座支架，具有支撑轴类零件的功能，轴承座孔与轴多形成间隙配合。

（1）结构如6-7所示，结构分析：形体主要分为轴承座、支撑背板和肋板、底座三个部分。

（2）主视图的选择。

①主视图的投影：采用轴承支架的工作状态位置。

②主视图投影方向：主视图应该尽可能表达零件的结构、形状特征及各部分位置关系。主视图投影 A、B 两个方案比较，如图6-8 a)所示。A 方案能较好反映轴承座、三个螺孔的分布、支撑背板、肋板和底座。B 方案的投影中，轴承座及三个螺孔结构特征反映不够充分。因而，主视图选择 A 向投影，如图6-8b)所示。

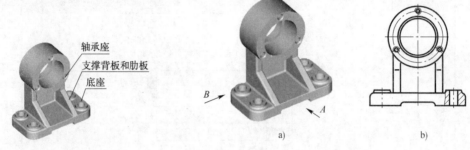

图6-7 轴承座支架　　　　　图6-8 主视图选择

（3）其他视图的选择。

①方案一（图6-9）。

a.左视图选择全剖视表达轴承座内部结构、支撑背板及两肋板。

b.选择 B 向视图表达底座。

c.选择移出断面图表达支撑背板和肋板。

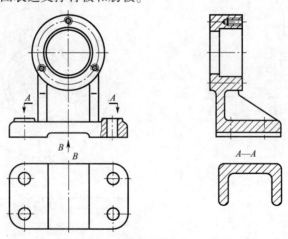

图6-9 视图投影方案一

②方案二（图6-10）。

a.左视图选择全剖视表达轴承座圈内部结构、支撑背板及两肋板。

b.俯视图采用 B-B 剖视表达底板与支撑背板和肋板的结构。通过剖视反映出支撑背板和肋板为一体的。

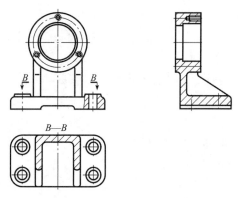

图 6-10 视图投影方案二

（4）零件图投影方案确定。通过分析比较，主视图选用 A 方案，其他视图选用第二方案更加清晰、简洁，比较好。

4. 箱体类零件

箱体类零件的作用是支撑或包容其他零件，一般有复杂的内腔和外形结构，并带有轴承孔、凸台、肋板，还有安装孔、螺孔等结构。选择主视图时，根据工作位置原则和形状特征原则考虑。零件需采用多个视图，且各视图之间应保持直接的投影关系，没有表达清楚的可增加向视图，如图 6-11 所示。

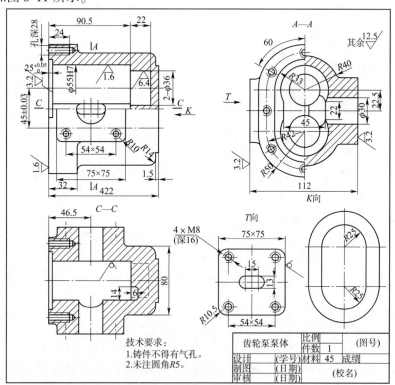

图 6-11 齿轮泵泵体

三、零件图的尺寸标注

零件图中的图形,只是用来表达零件的形状,而零件各部分的真实大小及相对位置,则靠标注尺寸来确定。零件图上的尺寸是制作和检验零件的重要依据,是零件图的重要组成部分。零件图上所标注的尺寸不但要满足设计要求,还应满足生产工艺要求。零件图上的尺寸标注必须符合国家标准的规定,并且要求标注尺寸应该正确、完整、清晰、合理。

(一)尺寸基准及选择

(1)尺寸基准是指图样中标注尺寸的起点。标注尺寸时,应先确定尺寸基准。尺寸基准一般分为设计基准和工艺基准。

①设计基准:零件设计过程中,为满足零件使用性能,确定零件在机器中的位置、结构所依据的基准。即设计尺寸的起点,通常为点、线、面等要素。

②工艺基准:零件生产制造中定位、装夹和测量时使用的基准。一般有定位点、轴线、平面等。

(2)当工艺基准与设计基准不重合时,零件生产制造将产生误差。生产中应尽量使工艺基准与设计基准重合。设计时应尽量考虑到零件加工工艺和工艺基准。

零件图基准的几何要素一般有点、轴线和平面等要素。任何零件总有长、宽、高三个方向的尺寸,因此至少每一个方向有一个基准,同一尺寸方向除了一个主要基准外,还可以有多个辅助基准。如图 6-12、图 6-13 所示。主要基准决定零件主要尺寸。同方向的主要基准与辅助基准之间一定要有尺寸联系。

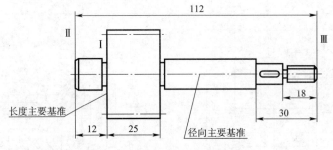

图 6-12　齿轮轴基准及标注

轴向方向上,端面Ⅰ为主要基准,Ⅱ、Ⅲ为辅助基准。主要基准与辅助基准有尺寸联系,并确定辅助基准位置。如尺寸 12、112。轴心线为径向主要基准,径向尺寸均以轴心线为基准标注。如轴径,分度圆直径等。

高度方向以底板底面为主要基准,顶面等为辅助基准。如尺寸 32、58。长度方向以零件长度对称中心(也是轴承座圈孔的轴心线)为长度方向主要基准,孔的中心线为辅助基准。如尺寸 80、$\phi45$、32、$\phi22$ 等。宽度方向以宽度对称中心线为基准,加以标注。如 $2 \times \phi11$ 等。

(二)零件图尺寸标注

零件图的尺寸标注,除了符合国家标准,满足尺寸标注正确、完整、清晰的一般要求外,还应科学合理的标注零件图尺寸。使其既符合零件设计要求,又便于零件的加工、测量和检验。为了合理标注零件图尺寸,必须掌握零件图尺寸标注的基本方法。

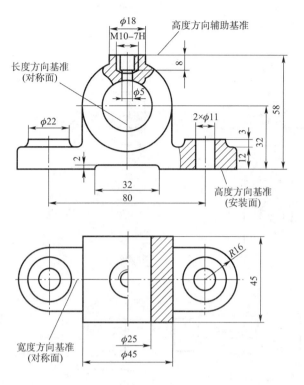

图 6-13 零件基准及标注

零件图的尺寸较多,一般分为定位尺寸和定形尺寸。定位尺寸是指零件图中要素间相对位置关系的尺寸。定形尺寸是指零件图中确定零件形状、大小的单一要素的尺寸。

1. 尺寸标注的基本步骤

(1)首先分析零件结构特点。选择各方向或要素的设计基准。

(2)分析形体结构,注意区分主要尺寸和次要尺寸,分清定位尺寸和定形尺寸。

(3)标注尺寸。分析零件图其长、宽、高基本要素和其他形状和位置要素,重要尺寸直接标出,其他尺寸逐一标出,如图 6-14 所示。

2. 尺寸标注应该注意的问题

(1)尺寸标注形式。

①基准型尺寸配置:如图 6-15a)所示。基准尺寸标注形式的优点是没有误差累积影响,任意一尺寸的加工误差不影响其他尺寸的加工精度。

②连续型尺寸配置:图 6-15b)所示。连续尺寸标注的形式是各段尺寸误差产生累积影响总尺寸的精度。

③综合型尺寸配置:如图 6-15c)、d)所示。综合尺寸标注形式将以上两种标注形式结合,尺寸加工误差留在参考尺寸段(e)或自由尺寸段。

(2)标注尺寸注意事项。

①避免出现封闭尺寸链。封闭尺寸链是指首尾相接并封闭的一组尺寸。如图 6-16a)所示。为避免封闭尺寸链,标注时选择其中不重要的尺寸空出不标注或尺寸加上括弧作为参考尺寸。将加工中尺寸误差累积到这一段,保证零件重要尺寸精度。

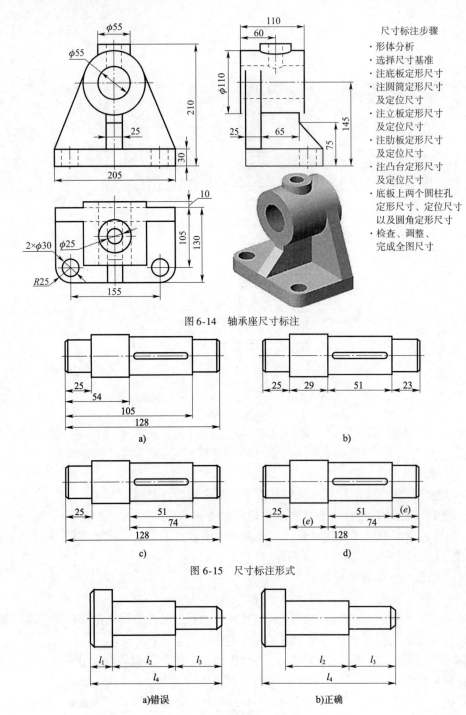

图 6-14 轴承座尺寸标注

图 6-15 尺寸标注形式

图 6-16 避免尺寸链封闭

②尺寸标注应该符合工艺要求,便于零件加工与测量,如图 6-17 所示。

(三)零件图上常见孔的结构尺寸标注

国家标准规定常见的孔、销孔、沉孔、螺孔的尺寸标注,见表 6-1。

模块六 零件图

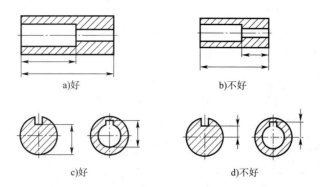

图 6-17 尺寸标注应便于测量

零件常见孔的尺寸标注 表 6-1

零件结构类型		简化标法	一般标法	说明
光孔	一般孔	4×φ5▽10	4×φ5	▽深度符号 4×φ5 表示直径为 5mm 均布的 4 个光孔,孔深可与孔径连注,也可分别注出
	精加工孔	4×φ5$^{+0.012}_{0}$▽10 孔▽12	4×φ5$^{+0.012}_{0}$	光孔深为 12mm,钻孔后需精加工,精加工深度为 10mm
	锥孔	锥销孔φ5 配作		与锥销相配的锥销孔,小端直径为 φ5。锥销孔通常是两零件装在一起后加工的
沉孔	锥形沉孔	6×φ7 φ13×90°	90° φ13 6×φ7	∨埋头孔符号 6×7 表示直径为 7mm 均匀分布的 6 个孔。锥形沉孔可以旁注,也可直接注出
	柱形沉注	4×φ6 φ10▽3.5	φ10 4×φ6	⊔沉孔及锪平孔符号 柱形沉孔的直径 φ10mm,深度为 3.5mm,均需标注

117

续上表

零件结构类型		简化标法	一般标法	说明
沉孔	锪平沉孔	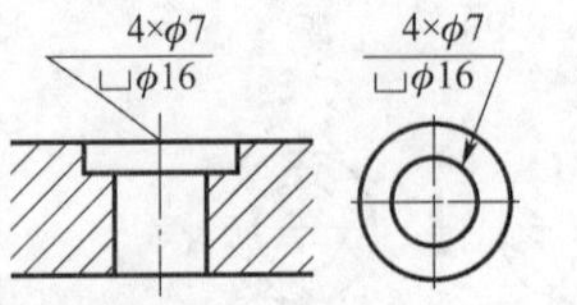 4×φ7 ⌴φ16	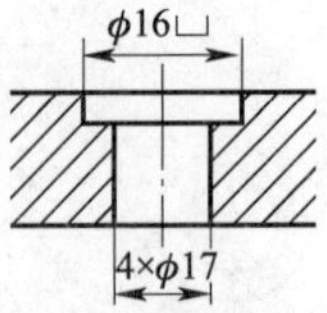 φ16⌴ 4×φ17	锪平面φ16mm的深度不必标注，一般锪平到不出现毛面为止
螺孔	通孔	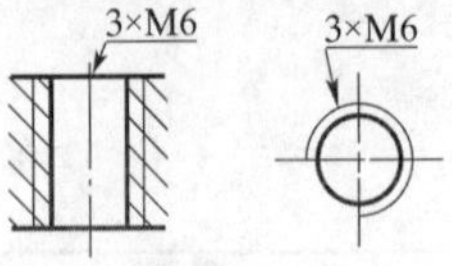 3×M6	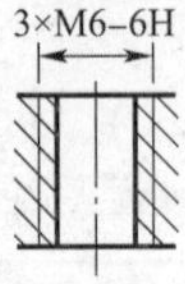 3×M6-6H	3×M6表示公称直径为6mm的两螺孔（中径和顶径的公差带代号6H不注），可以旁注，也可直接注出
	不通孔	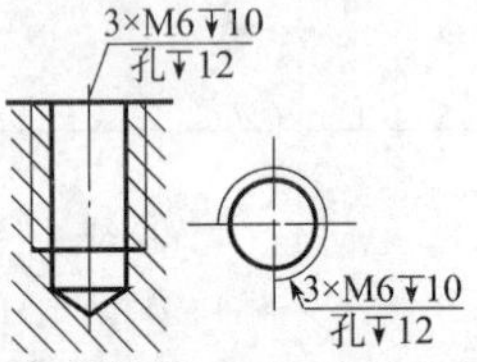 3×M6▽10 孔▽12	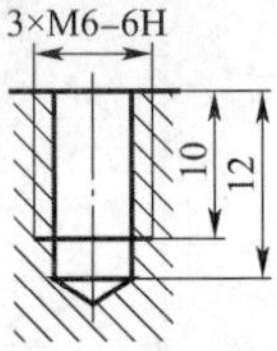 3×M6-6H 10 12	一般应分别注出螺纹和钻孔的深度尺寸（中径和顶径的公差带代号6H不注）

四、零件图技术要求

零件图除了用视图表达零件的结构形状，用尺寸表达零件的各部分的大小及相对位置关系外，一般还需要阐述和标注有关零件图的技术要求。

零件图中的技术要求主要包括以下几方面。

(一) 零件几何精度方面的要求

如零件尺寸公差与配合、形状和位置公差以及零件表面粗糙度等。通常是用符号、代号或标记标注在图形上或者在技术要求中说明，如图6-18所示。

(二) 零件加工工艺的要求

(1) 热处理和表面处理等方面的要求。当零件需要全部进行热处理时，可在技术要求中用文字统一加以说明。当零件表面需要进行局部热处理时，可在技术要求中用文字说明，也可在零件图上标注。如在技术要求下叙述：热处理，45～50HRC（材料：40Gr）。表面热处理或表面渗碳热处理如图6-19所示。

(2) 铸造零件的工艺结构要求。

①铸件各部分的壁厚应尽量均匀，在不同壁厚处应使厚壁和薄壁逐渐过渡，以免在铸造时在冷却过程中产生缩孔、缩松，如图6-20所示。

②适当的铸造圆角，以免应力集中，如图6-21所示。

(3) 机械加工方面要求。

①倒角和圆角：阶梯轴和孔，为了在轴肩、孔肩处避免应力集中，常以圆角过渡。轴和孔的端面上加工成45°或其他度数的倒角，其目的是为了便于安装和操作安全。C代表45°。如标注C2（等于2×45°），如图6-22所示。

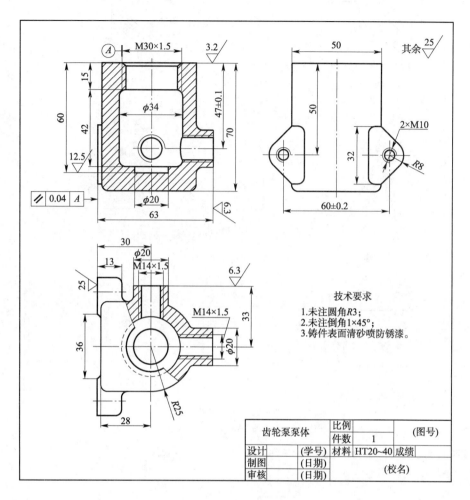

图 6-18 零件图技术要求

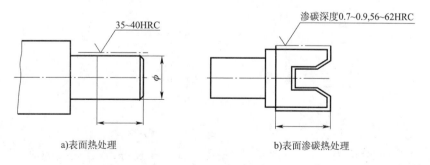

a) 表面热处理   b) 表面渗碳热处理

图 6-19 表面热处理

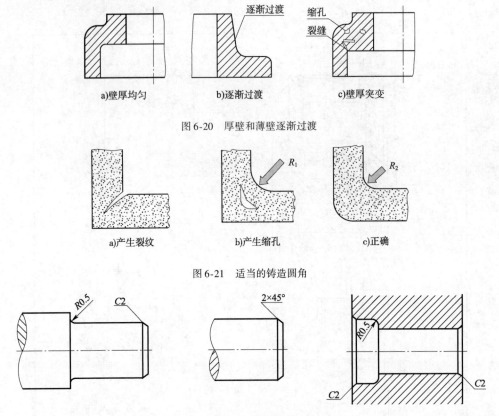

a)壁厚均匀　　　　b)逐渐过渡　　　　c)壁厚突变

图 6-20　厚壁和薄壁逐渐过渡

a)产生裂纹　　　　b)产生缩孔　　　　c)正确

图 6-21　适当的铸造圆角

图 6-22　倒角和圆角

②退刀槽和砂轮越程槽：在生产加工中，常常在轴类零件加工表面的台肩处先加工出退刀槽或越程槽，以便于退刀和轴上零件轴向定位。退刀槽的尺寸标注形式，一般可按"槽宽×直径"或"槽宽×槽深"标注，如图 6-23 所示。

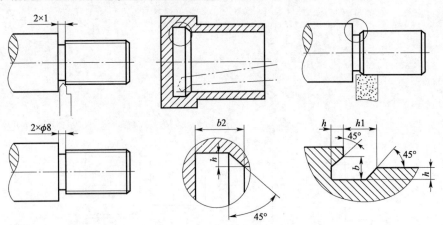

图 6-23　退刀槽和砂轮越程槽

③凸台和凹坑：为了减少加工表面，使配合面接触良好，常在两接触面处制出凸台和凹坑，如图 6-24 所示。

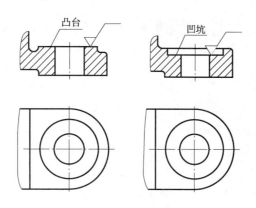

图 6-24 凸台和凹坑

(三) 零件完工要求

如去锐角、去飞边毛刺等。

(四) 材料方面的要求

零件图中所表达的零件,如果选用不同的材料,零件的性能将产生巨大的差异。因而,对材料要明确要求。一般在标题栏的材料栏目中标注。如 Q235、45 钢等。

以上所列举的是零件图的一些常用技术要求,不同的零件可以有不同的具体要求。

五、零件图的识读方法

零件图是反映零件结构形状、技术要求、技术参数和制造材料的技术文件,是制造和检验零件的依据。识读零件图是根据零件图,了解零件的名称、材料、技术要求,综合分析其各投影视图形状、尺寸、技术要求等技术参数,想象出零件各组成部分的形体结构、尺寸大小及相对位置,从而理解、掌握零件的全部信息,为零件生产制造服务。

识读零件图要按照一定的规律、思路分析研究,多看、多读、多想,比较零件与零件图的异同点,总结其规律,不断提高读图的准确性和速度。

读图的基本方法与步骤如下。

1. 阅读标题栏

拿到零件图首先阅读标题栏,了解零件的名称、材料、比例和数量等内容。对零件的基本信息有所了解。

2. 分析视图,想象零件形状

分析零件图的各投影视图。首先阅读主视图。主视图是最能反映零件各组成结构形体间相互位置和形状表达的视图。随后,阅读其他视图。结合主视图与其他视图,大体搞清楚基本表达方案,在此基础上,运用形体分析法及线面分析法,分析各视图之间的投影关系,通过"长对正,高平齐,宽相等"的视图投影规律进一步搞清各细节的结构、形状、综合想象出零件的完整形象。通过想象的零件反过来验证零件的投影视图。如不符合投影规律,就应该修正想象零件,直到想象零件完全符合视图投影规律。

3. 分析尺寸

根据零件结构,分析尺寸标注的基准及标注形式,找出定形尺寸及定位尺寸。通过尺寸,进一步确定结构位置关系。

4. 看技术要求

根据零件图技术要求栏,了解零件制作的具体要求,如精度要求、热处理要求、工艺要求、外观要求及其他要求。如零件图上标注的表面粗糙度、尺寸公差、形位公差等。

5. 全面总结、归纳综合上面的分析

再作一次归纳,就能对该零件有较全面的完整的了解,读懂零件图。

以风扇轮盘零件为例,进一步理解以上原则。如图6-25所示。首先,通过标题栏看到:零件名称为风扇轮盘,材料为45钢,数量1件,比例为1:1。

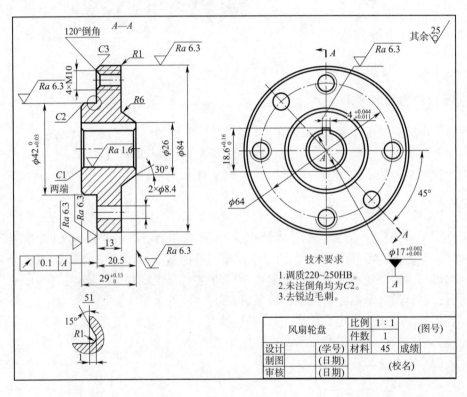

图6-25 风扇轮盘零件图

主视图为旋转全剖视图,左视图为多个圆形结构。通过主视图和左视图了解该零件为盘型零件,圆盘两面有阶梯,中心有一 $\phi17$、上偏差为0.002、下偏差为 -0.001 配合轴孔,孔的上方有一个4mm键槽,圆盘上有4个M10的螺孔和2个 $\phi8.4$ 的定位销孔。局部视图显示圆盘阶梯处有退刀槽结构。

查看技术要求。该零件技术要求为:

(1) 调质热处理 220~250HB。

(2) 未注倒角为 $C2$。

(3) 完工后应该去锐边、毛刺。视图中还有尺寸公差、形位公差和表面粗糙度的要求。

模块小结

（1）零件图是设计、制造和检验零件的主要依据，是零件设计、制造的重要技术文件，也是技术交流的重要资料。

（2）零件图必须具备一组完整、清晰的视图，一组完整的定形尺寸、定位尺寸标注，完整的技术要求。

（3）绘制零件图，首先需要确定主视图。主视图是零件图的核心，最能反映零件特征。主视图在这一组视图中起着重要作用，对其他视图运用产生影响。

（4）主视图选定以后，配合主视图，在完整、清晰地表达出零件结构形状的前提下，其他视图数量尽可能少。

（5）零件图上的尺寸是制作和检验零件的重要依据，是零件图的重要组成部分。零件图上所标注的尺寸不但要满足设计要求，还应满足生产工艺要求。

（6）尺寸基准是指图样中标注尺寸的起点。标注尺寸时，应先确定尺寸基准。

（7）定位尺寸是指零件图中要素间相对位置关系的尺寸。定形尺寸是指零件图中确定零件形状、大小的单一要素的尺寸。

（8）零件图的尺寸标注，除了符合国家标准，满足尺寸标注正确、完整、清晰的一般要求外，还应科学合理的标注零件图尺寸。

（9）零件图中的技术要求主要包括以下几方面：

①零件几何精度方面的要求。

②零件加工工艺的要求。

③零件完工要求。

④材料方面的要求。

（10）读图的基本方法与步骤：

①阅读标题栏，了解零件的名称、材料、比例和数量等内容。

②分析视图，想象零件形状。

③分析尺寸。根据零件结构，分析尺寸标注的基准及标注形式，找出定形尺寸及定位尺寸。通过尺寸，进一步确定结构位置关系。

④看技术要求。了解零件生产制作的具体要求。

⑤全面总结、归纳综合上面的分析，对该零件有较全面的完整的了解，读懂零件图。

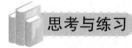
思考与练习

（一）填空题

1. 零件图主要包括_____、完整尺寸和技术要求。

2. _____是零件图的核心，最能反映零件特征。

3. _____是指图样中标注尺寸的起点。标注尺寸时，应先确定_____。

4. 主视图的选择原则，应根据零件的_____、_____，以及零件在_____来选择。

5. 零件图标注尺寸链时应注意避免出现_____尺寸链状况。

(二)选择题

1.零件图一般采用多个视图,各视图间保持投影关系,尚未表达清楚局部表面结构的可增加( )。

  A.后视图　　　　　B.局部视图　　　　　C.断面图

2.零件图中的技术要求主要包括:零件几何精度方面的要求、零件(　　)的要求、零件完工要求及材料方面的要求。

  A.配合尺寸　　　　B.价格　　　　　　C.加工工艺

3.零件图在标注时常用一些符合或缩写,表示45°倒角的代号是(　　)。

  A. A　　　　　　B. S　　　　　　C. C

4.法兰盘等圆盘盖类零件,通常还带有凸缘、均布的圆孔和肋等结构,为了充分表达零件内部结构,主视图常取全剖视图或(　　)视图,再配以其他视图。

  A.半剖视图　　　　B.局部视图　　　　　C.断面图

5.轴承座等对称结构零件,其机座两个对称安装孔,在标注位置尺寸时应采用(　　)为基准。

  A.互为　　　　　　B.对称中心　　　　　C.机座端面

模块七　公差与配合

学习目标

1. 了解公差与配合、形位公差、表面粗糙度的基本概念及相关国家标准的基本规定;
2. 掌握公差与配合、形位公差、表面粗糙度的有关术语、要求及基本内容;
3. 能够正确应用、查寻公差与配合各种图表;
4. 了解尺寸公差与配合基准制、尺寸公差等级、配合的选择;
5. 了解形位公差的各特征项目及意义;
6. 了解表面粗糙度的评定方法、参数及意义;
7. 了解尺寸公差、形位公差和表面粗糙度的选用;
8. 掌握尺寸公差、形位公差和表面粗糙度在图样上的标注方法。

建议课时

8 课时。

一、尺寸公差及标注

(一)公差与配合的基本术语及定义

1. 零件的互换性

零件在批量生产中,一批相同规格的零件,不经挑选或修配便可以直接装配到机器或部件上,并能达到机器或部件性能要求,这一特性称为零件的互换性。如滚动轴承,相同规格型号的滚动轴承,无论是哪一家企业生产的,不需选配就能安装到与之配合的孔中。零件规格尺寸和功能上的一致性和替代性,即为零件所具有的互换性。

零件具有互换性有利于组织协作和专业化生产,对保证产品质量、降低成本及方便装配、维修都具有十分重要意义。因此,在现代工业化的大批、大量生产中,标准件、通用件都具有零件的互换性。

2. 尺寸

尺寸是指用特定单位表示长度大小的数值。长度包括直径、半径、宽度、深度、高度和中心距等。尺寸由数值和特定单位两部分组成。如 30 毫米(mm)、50 微米(μm)等。在机械制图中,图样上的尺寸以 mm 为单位时,可省略单位标注。

3. 公称尺寸

设计给定的尺寸称为公称尺寸。一般为符合标准的尺寸系列。

孔的公称尺寸用"D"表示,轴的公称尺寸用"d"表示。例如:孔的直径为 $\phi32$ 可表示为 $D=32$mm;轴的直径为 $\phi35$ 可表示 $d=35$mm。

4. 实际尺寸

通过测量获得的尺寸称为实际尺寸。由于测量误差是客观存在的,所以实际尺寸不是尺寸真值。

5. 尺寸公差

尺寸公差是指允许尺寸的变动量,简称公差。公差等于上极限尺寸减下极限尺寸之差,或上极限偏差减下极限偏差之差,如图 7-1 所示。

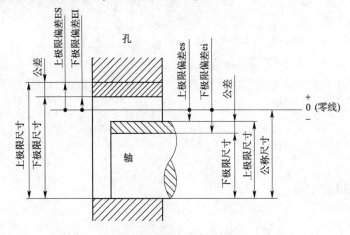

图 7-1 极限与配合示意图

为了保证零件的互换性,必须控制零件的尺寸。由于零件加工、测量存在误差,不可能把零件的尺寸做得绝对准确,因此在满足工作要求的条件下,允许零件尺寸有一个规定的变动范围,这一允许变动量被称为尺寸公差。

孔和轴的公差分别以 T_h 和 T_s 表示。

6. 极限尺寸

允许的尺寸变化的两个界限值,称为极限尺寸。两者中尺寸较大的称为上极限尺寸,尺寸较小的称为下极限尺寸。孔和轴的上、下极限尺寸分别用 D_{max}、D_{min} 和 d_{max}、d_{min} 表示。

$$上极限尺寸 - 下极限尺寸 = 尺寸公差 \tag{7-1}$$

7. 偏差

偏差是某一尺寸如(如极限尺寸或实际尺寸)减去公称尺寸所得的代数差。

(1)上极限偏差:上极限尺寸减去公称尺寸所得的代数差。孔和轴的上极限偏差分别用符号 ES、es 表示。

(2)下极限偏差:下极限尺寸减去公称尺寸所得的代数差。孔和轴的下极限偏差分别用符号 EI、ei 表示。

(3)实际偏差:实际尺寸减去公称尺寸的代数差。

偏差可能是正、负或零,书写或标注时正、负号或零都要标注。

偏差的标注:上极限偏差标在公称尺寸右上角,下极限偏差标在公称尺寸右下角。

8. 零线

零线是代表公称尺寸的一条直线。以零线为基准确定尺寸的偏差和公差。正偏差位于零线的上方,负偏差位于零线的下方,偏差为零时与零线重合。

9. 基本偏差

国家标准采用基本偏差来确定公差带相对于零线的位置。国家标准对孔和轴各规定了28个基本偏差代号,如图7-2所示。分别用拉丁字母表示,大写字母代表孔,小写字母代表轴,基本偏差是两个极限偏差(上极限偏差或下极限偏差)中靠近零线的那个极限偏差。

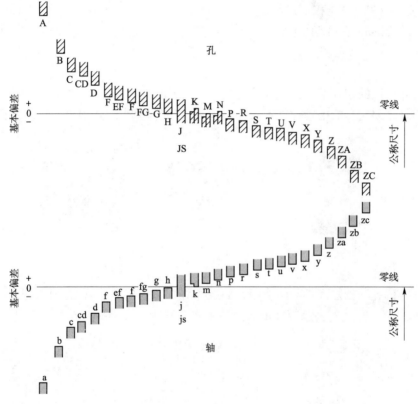

图7-2 孔和轴的基本偏差

10. 公差带

公差带是指由代表上极限偏差和下极限偏差的两条直线所限的区域,如图7-3所示。公差带包含两个要素,即公差带的大小和位置。公差带的大小由公差值确定,公差带位置由基本偏差决定。

11. 公差的换算公式

上极限偏差　　孔 $ES = D_{max} - D$,　轴　$es = d_{max} - d$

下极限偏差　　$EI = D_{min} - D$,　$ei = d_{min} - d$

孔的公差　　$T_h = |D_{max} - D_{min}| = |ES - EI|$

轴的公差　　$T_s = |d_{max} - d_{min}| = |es - ei|$

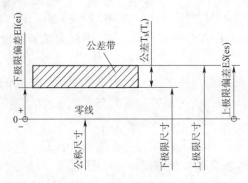

图 7-3 公差带示意图

例如:孔 $\phi 60^{+0.05}_{-0.02}$。上极限尺寸 $D_{max}=60.05$mm,下极限尺寸 $D_{min}=59.98$mm,上极限偏差 ES = + 0.05mm,下极限偏差 EI = - 0.02mm,公差 T_h = + 0.05 - (- 0.02) = + 0.07(mm)。

12. 配合

公称尺寸相同的相互结合的孔和轴公差带之间的关系称为配合,如图 7-4 所示。根据相配合的孔和轴之间配合的松紧程度不同,国家标准将配合分为间隙配合、过盈配合和过渡配合三种。

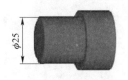

图 7-4 相互配合的孔与轴

1) 间隙配合

相互配合的孔与轴之间具有间隙(包括最小间隙为零)的配合,称为间隙配合。

(1) 公差带位置:孔的公差带在轴的公差带之上,如图 7-5 所示。

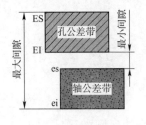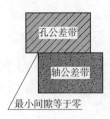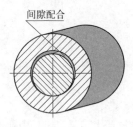

图 7-5 间隙配合公差带相对位置

(2) 配合间隙(X):
最大间隙 $X_{max} = D_{max} - d_{min} = ES - ei$
最小间隙 $X_{max} = D_{min} - d_{max} = Ei - es$
平均间隙 $X_{av} = (X_{max} + X_{min})/2$

2) 过盈配合

相互配合的孔与轴之间具有过盈(包括最小过盈等于零)的配合,称为过盈配合。

(1) 公差带位置:孔的公差带在轴的公差带之下,如图 7-6 所示。

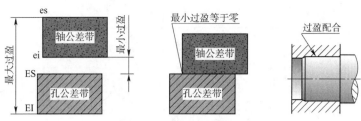

图 7-6 过盈配合公差带相对位置

(2) 配合过盈(Y):最大过盈　　$Y_{\max} = D_{\min} - d_{\max} = \text{EI} - \text{es}$

最小过盈　　$Y_{\min} = D_{\max} - d_{\min} = \text{ES} - \text{ei}$

平均过盈　　$Y_{av} = (Y_{\max} + Y_{\min})/2$

3) 过渡配合

相互配合的孔与轴之间可能具有间隙或过盈的配合称为过渡配合。

(1) 公差带位置:孔、轴的公差带一部分互相重合。如图 7-7 所示。

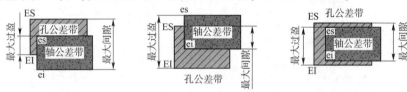

图 7-7 过渡配合公差带相对位置

(2) 配合间隙或过盈(X,Y)

最大间隙　　$X_{\max} = D_{\max} - d_{\min} = \text{ES} - \text{ei}$

最大过盈　　$Y_{\max} = D_{\min} - d_{\max} = \text{EI} - \text{es}$

平均间隙　　X_{av} 或平均过盈　　$Y_{av} = (X_{\max} + Y_{\max})/2$

13. 配合公差(T_f)

允许配合间隙或过盈的变动量称为配合公差。配合公差的大小为极限间隙或极限过盈之代数差的绝对值。

间隙配合　　$T_f = |X_{\max} - X_{\max}| = X_{\max} - X_{\max}$

过渡配合　　$T_f = |X_{\max} - Y_{\max}| = X_{\max} - Y_{\max}$

过盈配合　　$T_f = |Y_{\min} - Y_{\max}| = Y_{\min} - Y_{\max}$

当零件公称尺寸一定时,配合公差的大小反映了配合精度的高低。

三类配合的配合公差关系为　　$T_f = T_h + T_s$

(二) 标准公差系列

1. 标准公差

标准公差是指国家标准极限与配合制中所规定的公差(GB/T 1800.2—2009)。字母 IT 表示国家标准公差,IT 后边的数字表示公差等级。标准公差确定了公差带的大小。

国家标准将标准公差分为 20 个公差等级,用 IT 和阿拉伯数字组成的代号表示。按顺序为 IT01、IT0、IT1~IT18。等级依次降低,标准公差值依次增大。标准公差系列是由不同公差等级和不同公称尺寸的标准公差构成的。公差数值是根据标准公差因子、公差等级系数和公称尺寸分段经计算后得到的,见表 7-1。

标准公差数值表　　　　　　　　　　　　　　　　表 7-1

公称尺寸(mm)		标准公差等级																		
		μm											mm							
大于	至	IT01	IT0	IT1	IT2	IT3	IT4	IT5	IT6	IT7	IT8	IT9	IT10	IT11	IT12	IT13	IT14	IT15	IT16	IT17	IT18
—	3	0.3	0.5	0.8	1.2	2	3	4	6	10	14	25	40	60	0.1	0.14	0.25	0.40	0.60	1.0	1.4
3	6	0.4	0.6	1	1.5	2.5	4	5	8	12	18	30	48	75	0.12	0.18	0.30	0.48	0.75	1.2	1.8
6	10	0.4	0.6	1	1.5	2.5	4	6	9	15	22	36	58	90	0.15	0.22	0.36	0.58	0.90	1.5	2.2
10	18	0.5	0.8	1.2	2	3	5	8	11	18	27	43	70	110	0.18	0.27	0.43	0.70	1.10	1.8	2.7
18	30	0.6	1	1.5	2.5	4	6	9	13	21	33	52	84	130	0.21	0.33	0.52	0.84	1.30	2.1	3.3
30	50	0.6	1	1.5	2.5	4	7	11	16	25	39	62	100	160	0.25	0.39	0.62	1.00	1.60	2.5	3.9
50	80	0.8	1.2	2	3	5	8	13	19	30	46	74	120	190	0.30	0.46	0.74	1.90	1.90	3.0	4.6
80	120	1	1.5	2.5	4	6	10	15	22	35	54	87	140	220	0.35	0.54	0.87	1.40	2.20	3.5	5.4
120	180	1.2	2	3.5	5	8	12	18	25	40	63	100	160	250	0.40	0.63	1.00	1.60	2.50	4.0	6.3
180	250	2	3	4.5	7	10	14	20	29	46	72	115	185	290	0.46	0.72	1.15	1.85	2.90	4.6	7.2
250	315	2.5	4	6	8	12	16	23	32	52	81	130	210	320	0.52	0.81	1.30	2.10	3.20	5.2	8.1
315	400	3	5	7	9	13	18	25	36	57	89	140	230	360	0.57	0.89	1.40	2.30	3.60	5.7	8.9
400	500	4	6	8	10	15	20	27	40	63	97	155	250	400	0.63	0.97	1.55	2.50	4.00	6.3	9.7

2. 公差等级的选择

公差等级的选择原则为综合考虑机械零件的使用性能和经济性能两个方面的因素,在满足使用要求的条件下,尽量选取低的公差等级。

选用公差等级时一般情况下采用类比的方法,即参考同类或相似产品的公差等级,结合待定零件的要求、工艺和结构等特点,经分析对比后确定公差等级。用类比法选择公差等级时,应掌握各公差等级的应用范围,以便类比选择时有所依据。公差等级的应用见表 7-2。

公差等级应用　　　　　　　　　　　　　　　　表 7-2

公差等级	主要应用实例
IT01～IT1	一般用于精密标准量块。IT1 也用于检验 IT6 和 IT7 级轴用量规的校对量规
IT2～IT7	用于检验工作 IT5～IT16 的量规的尺寸公差
IT3～IT5（孔为IT6）	用于精度要求很高的重要配合。例如机床主轴与精密滚动轴承的配合、发动机活塞销与连杆孔和活塞孔的配合 配合公差很小,对加工要求很高,应用较少
IT6(孔为IT7)	用于机床、发动机和仪表中的重要场合。例如机床传动机构中的齿轮与轴的配合、轴与轴承的配合、发动机中活塞与汽缸、曲轴与轴承、气阀杆与导套等 配合公差较小,一般机密加工能够实现,在精密机械中广泛应用
IT7,IT8	用于机床和发动机中不太重要的配合,也用于重型机械、农业机械、纺织机械、机车车辆等重要配合。例如机床上操纵杆的支承配合、发动机活塞环与活塞环槽的配合、农业机械中齿轮与轴的配合等
IT9,IT10	用于一般要求或长度精度要求较高的配合,某些非配合尺寸的特殊要求。例如飞机机身的外部尺寸,由于质量限制,要求达到 IT9 或 IT10
IT11,IT12	多用于各种没有严格要求,只要求便于连接的配合。例如螺栓和螺孔、铆钉和孔的配合
IT12～IT18	用于非配合尺寸和粗加工的工序尺寸上。例如手柄的直径、壳体的外形和壁厚尺寸,以及端面之间的距离等

各种机械加工方法所能达到的机械精度见表7-3。

各种机械加工方法的加工精度　　　　　　　　　　　表7-3

公差等级 加工方法	01	0	1	2	3	4	5	6	7	8	9	10	11	12	13	14	15	16	17	18
研磨	─	─	─	─	─	─	─													
珩磨					─	─	─	─												
圆磨							─	─	─	─										
平磨							─	─	─	─										
金刚石车							─	─	─											
金刚石镗							─	─	─											
拉削							─	─	─	─										
铰孔								─	─	─	─									
精车精镗									─	─	─									
粗车											─	─	─	─						
粗镗											─	─	─	─						
铣										─	─	─	─							
刨、插											─	─	─	─						
钻削												─	─	─						
冲压												─	─	─	─					
滚压、挤压												─	─	─						
锻造																─	─	─		
砂型铸造																	─	─	─	
金属型铸造																─	─	─		
气割																	─	─	─	

3. 线性尺寸未注公差

线性尺寸未注公差是指在一般加工条件下机械加工可以保证的公差,是机械设备正常维护和操作下,能达到的经济加工精度。采用未注公差时,在其公称尺寸后面不需要标注极限偏差或其他代号。

线性尺寸未注公差并非没有公差,而是公差等级要求相对较低,主要用于较低精度的非配合尺寸。国家标准 GB/T 1804—2000 规定了未注公差的四个公差等级,见表7-4。

未　注　公　差　等　级　　　　　　　　　　表7-4

公差等级	尺　寸　分　段							
	0.5～3	>3～6	>6～30	>30～120	>120～400	>400～1000	>1000～2000	>2000～4000
f(精密级)	±0.5	±0.05	±0.1	±0.15	±0.2	±0.3	±0.5	—
m(中等级)	±0.1	±0.1	±0.2	±0.3	±0.5	±0.8	±1.2	±2
c(粗糙级)	±0.2	±0.3	±0.5	±0.8	±1.2	±2	±3	±4
v(最粗级)	—	±0.5	±1	±1.5	±2.5	±4	±6	±8

(三)配合制

国家标准规定了孔和轴的 28 种基本偏差和 20 个公差等级,可以形成多种配合。为了缩减、规范配合,便于生产中应用刀具、量具以及生产和检验,保证产品质量,因而制定配合制度。国家标准规定了两种配合制,即基孔制和基轴制。

1. 基孔制

基孔制是基本偏差为一定的孔的公差带,与不同基本偏差的轴的公差带形成各种配合的一种制度。基孔制的孔为基准孔,其下极限偏差为零,基本偏差代号为 H。

2. 基轴制

基轴制是基本偏差为一定的轴的公差带,与不同基本偏差的孔的公差带形成各种配合的一种制度。基轴制的轴为基准轴,其上极限偏差为零,基本偏差代号为 h。

因为相对而言,轴比相同精度的孔更容易加工,也更容易保证加工精度,所以往往优先采用基孔制,以孔为基准,再加工轴与之配合。如键与键槽配合采用基孔制、滚动轴承的内圈与轴配合采用基孔制。但遇到一些特殊的结构情况,如轴类零件为标准件时,应采用基轴制。比如滚动轴承的外圈与孔配合采用基轴制,如图 7-8 所示。

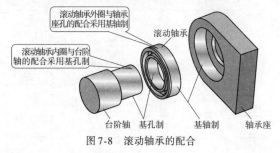

图 7-8 滚动轴承的配合

(四)常用配合与优选配合

根据生产实际及公差与配合应用情况,我国对众多配合进行系列化、标准化规范,制定了公差与配合国家标准。在公称尺寸至 500mm 范围内,对基孔制规定了 59 种常用配合,对基轴制规定了 47 种常用配合。这些配合分别由轴、孔的常用公差带和基准孔、基准轴的公差带组合而成。在常用配合中又对基孔制、基轴制各规定了 13 种优先配合,优先配合分别由轴、孔的优先公差带与基准孔和基准轴的公差带组合而成,见表 7-5 和表 7-6。

基孔制的常用配合和优选配合　　　　表 7-5

基准孔	轴																			
	a	b	c	d	e	f	g	h	js	k	m	n	p	r	s	t	u	v	x	y	z
	间隙配合								过渡配合				过盈配合								
H6						$\frac{H6}{f5}$	$\frac{H6}{g5}$	$\frac{H6}{h5}$	$\frac{H6}{js5}$	$\frac{H6}{k5}$		$\frac{H6}{n5}$	$\frac{H6}{p5}$	$\frac{H6}{r5}$	$\frac{H6}{s5}$	$\frac{H6}{t5}$					
H7						$\frac{H7}{f6}$	$\frac{H7}{g6}$	$\frac{H7}{h6}$	$\frac{H7}{js6}$	$\frac{H7}{k6}$	$\frac{H7}{m6}$	$\frac{H7}{n6}$	$\frac{H7}{p6}$	$\frac{H7}{r6}$	$\frac{H7}{s6}$	$\frac{H7}{t6}$	$\frac{H7}{u6}$	$\frac{H7}{v6}$	$\frac{H7}{x6}$	$\frac{H7}{y6}$	$\frac{H7}{z6}$

续上表

基准孔	轴																				
	a	b	c	d	e	f	g	h	js	k	m	n	p	r	s	t	u	v	x	y	z
	间隙配合								过渡配合				过盈配合								
H8					H8/e7	H8/f7	H8/g7	H8/h7	H8/js7	H8/k7	H8/m7	H8/n7	H8/p7	H8/r7	H8/s7	H8/t7	H8/u7				
				H8/d8	H8/e8	H8/f8		H8/h8													
H9			H9/c9	H9/d9	H9/e9	H9/f9		H9/h9													
H10			H10/c10	H10/d10				H10/h10													
H11	H11/a11	H11/b11	H11/c11	H11/d11				H11/h11													
H12		H12/b12						H12/h12													

注：1. 注有▶符号的配合为优先配合。

2. H6/n5、H7/p6 在公称尺寸小于或等于3mm 和 H8/f7 在公称尺寸小于或等于100mm 时，为过渡配合。

基轴制的常用配合和优选配合 表7-6

基准轴	孔																				
	A	B	C	D	E	F	G	H	JS	K	M	N	P	R	S	T	U	V	X	Y	Z
	间隙配合								过渡配合				过盈配合								
h5						F6/h5	G6/h5	H6/h5	JS6/h5	K6/h5	M6/h5	N6/h5	P6/h5	R6/h5	S6/h5	T6/h5					
h6						F7/h6	G7/h6	H7/h6	JS7/h6	K7/h6	M7/h6	N7/h6	P7/h6	R7/h6	S7/h6	T7/h6	U7/h6				
h7					E8/h7	F8/h7		H8/h7	JS8/h7	K8/h7	M8/h7	N8/h7									
h8				D8/h8	E8/h8	F8/h8		H8/h8													
h9				D9/h9	E9/h9	F9/h9		H9/h9													
h10				D10/h10				H10/h10													
h11	A11/h11	B11/h11	C11/h11	D11/h11				H11/h11													
h12		B12/h12						H12/h12													

注：注有▶符号的配合为优先配合。

(五)尺寸公差的标注

尺寸公差的标注分为零件图上的尺寸公差标注和装配图上尺寸公差标注。

1. 零件图上尺寸公差标注

零件图上尺寸公差标注分为三种形式。

(1) 在公称尺寸的后面用公差带代号标注,如图7-9所示。

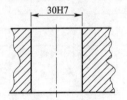

图7-9 公差带代号标注

(2) 在公称尺寸的后面用极限偏差标注,如图7-10所示。

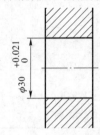
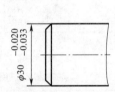

图7-10 极限偏差标注

(3) 在公称尺寸的后面用公差带代号和相应的极限偏差标注,如图7-11所示。

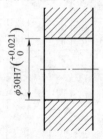
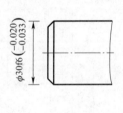

图7-11 公差带代号加极限偏差标注

2. 在装配图上的标注形式

装配图上有配合要求的两零件采用孔和轴的公差带代号组合标注法:在公称尺寸后面用分式表示,分子为孔的公差代号,分母为轴的公差代号,如图7-12所示。

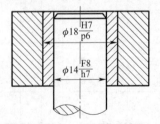
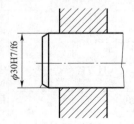

图7-12 装配图配合公差标注

二、形位公差及标注

(一) 形位公差基本概念及定义

零件在加工过程中，由于机床夹具、刀具及工艺操作水平等因素的影响，经过机械加工后，零件的尺寸、形状及表面质量均不能做到完全理想状态，除了产生尺寸误差，还会出现形状和相对位置的误差。如加工轴或孔时出现轴线微量弯曲、轴或孔两端直径产生不一致的现象，就是属于零件的形状误差。又如阶梯轴在加工后，各段轴径的轴线不在同一轴心线上(有微量偏移)，孔的位置偏离理想位置等，零件从而产生形状、位置上的误差。形状和位置误差过大会影响机器的装配关系和使用性能，对精度要求高的零件，不仅要保证尺寸精度，还必须控制形状和位置的误差。对形状和位置误差的控制是通过设定形状和位置公差来实现的，只要零件的实际形状和实际位置在公差范围内，就被认为是合格的。

1. 形位公差定义

形状和位置公差简称形位公差，也称为几何公差。是指零件的实际形状和实际位置对理想形状和理想位置所允许的最大变动量。

2. 基本术语

(1) 要素：指构成零件几何特征的点、线、面。
(2) 理想要素：具有理论上几何意义的要素。
(3) 实际要素：零件上实际存在的要素。
(4) 基准要素：用来确定被测要素方向和位置的要素，简称基准。
(5) 被测要素：图样中有形状公差、位置公差要求的要素。
(6) 轮廓要素：由一个或几个表面形成的要素。
(7) 中心要素：零件的对称中心、回转中心、轴线等点、线、面要素。如中心线、轴线、对称中心平面等要素。
(8) 公差带：限制实际形状要素或位置要素的变动区域。

(二) 形位公差的项目、名称及代号

国家标准 GB/T 1182—2008 规定：形位公差代号由形位公差特征项目符号、形位公差框格及指引线、形位公差数值、基准符号和其他有关符号等组成，如图 7-13 a) 所示。基准符号由标注字母的基准方格用一线段与一个空白或涂黑的三角形相连以表示基准，如图 7-13 b) 所示。

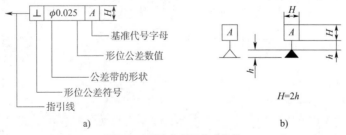

图 7-13 形位公差及基准代号

形位公差分为形状公差和位置公差两大类。形位公差共 14 项，其中形状公差 6 项，位

置公差 8 项,见表 7-7。

几何公差项目、名称及符号　　　　　　　表 7-7

公　　差		特征项目	符　　号	基准要求
形状公差	形状	直线度	—	无
		平面度	▱	无
		圆度	○	无
		圆柱度	⌭	无
		线轮廓度	⌒	有或无
		面轮廓度	⌓	有或无
位置公差	定向	平行度	∥	有
		垂直度	⊥	有
		倾斜度	∠	有
	定位	位置度	⌖	有或无
		同轴(同心)度	◎	有
		对称度	⌯	有
	跳动	圆跳动	↗	有
		全跳动	↗↗	有

(三)形位公差带及意义

1. 形状公差

形状公差是单一实际要素的形状所允许的变动量。形状公差带是限制单一实际要素变动的一个区域。形状公差带的特点是不涉及基准,它的方向和位置均为浮动的只能控制被测要素形状误差的大小。其中线轮廓要素和面轮廓要素具有双重性。无基准要求时,为形状公差。有基准要求时,为位置公差。

形位公差带的图例及意义见表 7-8。

形状公差带图例及意义(单位:mm)　　　　　　　表 7-8

项　目	标注示例及读图说明	公差带定义	公差意义
直线度	被测要素:表面素线 读法:上表面内任意直线的直线度公差为 0.1	在给定平面内,公差带是距离为公差值 t 的两平行直线之间的区域	被测表面的素线必须位于平行于图样所示投影面且距离为公差值 0.1 的两平行直线内
	被测要素:圆柱体的轴线 读为:圆柱体的轴线的直线度公差为 $\phi 0.08$	在任意方向上,公差带是直径为 ϕt 圆柱面内的区域	被测圆柱体 ϕd 的轴线必须位于直径为公差值 $\phi 0.08$ 圆柱面内

续上表

项 目	标注示例及读图说明	公差带定义	公 差 意 义
平面度	被测要素:上表面 读法:上表面的平面度公差为0.06	公差带是距离为公差值 t 的两平行平面之间的区域	被测上表面必须位于距离为公差值0.06的两平行平面内
圆度	被测要素:圆柱(圆锥)正截面内的轮廓圆 读法:圆柱(圆锥)任一正截面的圆度公差为0.02	公差带是正截面内半径差为公差值 t 的两同心圆之间的区域	被测回转体的正截面内的轮廓圆必须位于半径差为公差值0.02的两同心圆之间的环形区域内
圆柱度	被测要素:圆柱面 读法:圆柱面的公差为0.05	公差带是半径差为公差值 t 的两同轴圆柱面之间的区域	被测圆柱面必须位于半径差为公差值0.05的两同轴圆柱面之间的区域内
线轮廓度	被测要素:轮廓曲线 基准要素:无(形状公差) 读法:曲线的线轮廓度公差为0.04	公差带是包络一系列直径为公差值 t 的小圆的两包络线之间区域,诸圆的圆心应位于理想轮廓线上 (注:带方框的尺寸称为"理论正确尺寸",用来测定被测要素的理想形状、方向和位置,该尺寸不附带公差。)	在平行于图样所示投影面的任一截面上,被测轮廓曲线必须位于包络一系列直径为公差值0.04,且圆心位于具有理论正确几何形状的线上的圆的两包络线之间区域内
面轮廓度	被测要素:轮廓曲面 基准要素:无(形状公差) 读法:所指轮廓曲面的面轮廓度公差为0.02	理想轮廓面 公差带是包络一系列直径为公差值 t 的小球的两包络面之间区域,诸球的球心应位于理想轮廓面上	被测轮廓曲面必须位于包络一系列直径为公差值0.02,且球心位于具有理论正确几何形状的面上的球的两包络面之间区域内

2. 位置公差

位置公差是指关联实际要素的位置对基准所允许的变动量。根据关联要素对基准功能要求不同,位置公差又分为定向公差、定位公差和跳动公差。

位置公差带的图例及意义见表7-9。

表7-9 位置公差带图例及意义(单位:mm)

项目		标注示例及读图说明	公差带定义	公差带意义
定向公差	平行度	被测要素:上表面 基准要素:底平面 读法:上表面相对于底平面的平行度公差为0.05	公差带是距离为公差值 t 且平行于基准面的两平行平面之间的区域	被测表面必须位于距离为公差值0.05,且平行于基准面 A 的两平行平面之间
	垂直度	被测要素:右侧平面 基准要素:底面 读法:右侧平面相对于底面的垂直度公差为0.05	公差带是距离为公差值 t 且垂直于基准平面的两平行平面之间的区域	右侧平面必须位于距离为公差值0.05,且垂直于基准平面 A 的两平行平面之间
	倾斜度	被测要素:斜面 基准要素:轴线 读法:被测斜面相对于 ϕd 轴线的倾斜度公差为0.1	公差带是距离为公差值 t 且与基准轴线成给定的理论正确角度的两平行平面之间的区域	被测斜面必须位于距离为公差值0.1,且与基准轴线 A 成理论正确角度75°的两平行平面之间的区域

续上表

项	目	标注示例及读图说明	公差带定义	公差带意义
定位公差	同轴度	被测要素：ϕd 圆柱面的轴线 基准要素：公共轴线 A—B 读法：被测轴线相对于基准轴线的同轴度公差为 $\phi 0.1$	公差带是直径为公差值 ϕt 的圆柱面的区域，该圆柱面的轴线与基准轴线同轴	被测轴线必须位于直径为 $\phi 0.1$mm，且与公共基准轴线 A—B 同轴的圆柱面内
	对称度	被测要素：槽的对称中心平面 基准要素：中心平面 A 读法：被测中心平面相对于基准中心平面的对称度公差为 0.08	公差带是距离为公差值 t，且相对基准中心平面对称配置的两平行平面之间的区域	被测中心平面必须位于距离为公差值 0.08mm，且相对基准中心平面 A 对称配置的两平行平面之间
	位置度	被测要素：ϕD 孔的轴线 基准要素：基准面 A、B、C 读法：被测轴线相对于基准面 A、B、C 的位置度公差为 $\phi 0.1$	公差带是直径为公差值 ϕt 的圆柱内的区域，公差带轴线的位置由相对于三基准面体系的理论正确尺寸确定	每个被测轴线必须位于直径为公差值 0.1mm，且以相对于 A、B、C 基准表面所确定的理想位置为轴线的圆柱内

续上表

项	目	标注示例及读图说明	公差带定义	公差带意义
圆跳动	径向圆跳动	被测要素：圆柱面 基准要素：ϕd_1 轴线 读法：被测圆柱面相对于基准轴线的圆跳动公差为 0.05	测量平面 公差带是在垂直于基准轴线的任一测量平面内半径为公差值 t，且圆心在基准轴线上的两个同心圆之间的区域	当被测要素围绕基准线 A 作无轴向移动旋转一周时，在任一测量平面内的径向圆跳动量均不得大于 0.05mm
	端面圆跳动	被测要素：端面 基准要素：轴线 读法：被测端面相对于基准轴线的圆跳动公差为 0.06	测量圆柱面 公差带是在与基准同轴的任一半径位置的测量圆柱面上距离为 t 的圆柱面区域	被测面绕基准线 A 作无轴向移动旋转一周时，在任一测量圆柱面内的轴向跳动量均不得大于 0.06mm
全跳动	径向全跳动	被测要素：圆柱面 基准要素：ϕd_1 与 ϕd_2 的公共轴线 读法：被测圆柱面相对于基准轴线的全跳动公差为 0.2	公差带是半径差为公差值 t，且与基准同轴的两圆柱面之间的区域	被测要素围绕基准线 $A—B$ 作若干次旋转，并在测量仪器与工件之间同时作轴向移动，此时在被测要素上各点间的误差均不得大于 0.2mm，测量仪器或工件必须沿着基准轴线方向并相对于公共基准轴线 $A—B$ 移动
	端面全跳动	被测要素：端面 基准要素：ϕd 轴线 读法：被测端面相对于基准轴线的全跳动公差为 0.05	公差带是距离为公差值 t，且与基准垂直的两平行平面之间的区域	被测要素绕基准轴线 A 作若干次旋转，并在测量仪器与工件之间同时作径向移动，此时在被测要素上各点间的误差均不得大于 0.05mm，测量仪器或工件必须沿着轮廓具有理想正确形状的线和相对于基准轴线 A 的正确方向移动

(四)形位公差的标注

根据国家标准规定,当被测要素或基准是轮廓要素(表面或素线)时,从框格引出的指引线箭头或基准,应指在该要素的轮廓线或其延长线上,箭头的方向一般垂直于被测要素,箭头或基准明显错开尺寸线,如图 7-14、图 7-15 所示。当被测要素或基准要素为中心要素(包括点、轴线、对称中心线和中心平面等)时,应将指引线箭头或基准符号与该要素的尺寸线对齐,如图 7-16 所示。

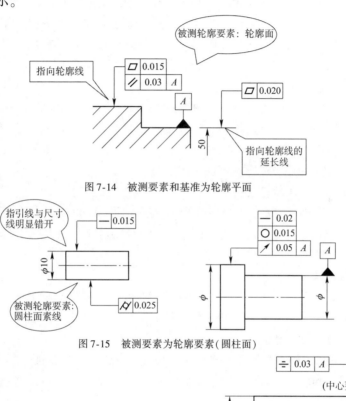

图 7-14　被测要素和基准为轮廓平面

图 7-15　被测要素为轮廓要素(圆柱面)

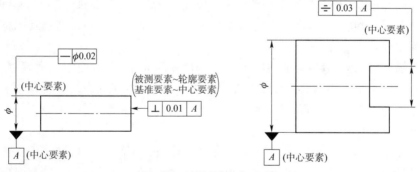

图 7-16　被测要素与中心要素

三、表面粗糙度及标注

(一)表面粗糙度的概念及定义

零件在机械加工过程中,由于加工刀具与零件表面间的摩擦及切屑分离时表面层金属

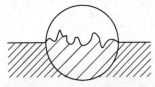

图 7-17　加工表面留下痕迹

的塑性变形以及工艺系统中机床的高频振动等原因,使得被加工零件的表面存在一定的几何形状误差。其中造成零件表面的凹凸不平,形成微观几何形状误差的较小间距的峰谷。由于加工方法和工件材料的不同,被加工表面留下痕迹的深浅、疏密、形状和纹理都有差别,如图 7-17 所示。

表面粗糙度(Surface Roughness)是指零件加工表面具有的较小间距和微小峰谷的不平程度。其两波峰或两波谷之间的距离(波距)很小(在 1mm 以下),波长与波高之比一般小于 50,属于微观几何形状误差。零件表面粗糙度数值越小,则表面越光滑。

表面粗糙度与机械零件的配合性质、耐磨性、疲劳强度、接触刚度、振动和噪声等有密切关系,对机械产品的使用寿命和可靠性有重要影响。

1. 影响零件摩擦和耐磨性

两个零件表面作相对运动时,在两个接触面中只是一些峰顶间的接触,从而减少了接触面积,增大了接触的应力,使磨损加剧。零件接触面越粗糙,其摩擦系数越大,阻力就越大,零件磨损也越快,且还与磨损下来的金属微粒进一步磨损。从而使两个接触表面摩擦状况恶化,造成不应有的磨损,严重影响零件的耐磨性。

2. 影响零件配合性质的稳定性

对于间隙配合零件,粗糙表面会因峰顶很快磨损而使间隙很快增大,影响配合的稳定性,易产生零件早期磨损;对过盈配合,粗糙表面的峰顶被挤平,使实际过盈减小,影响配合的稳定性、可靠性,从而影响零件连接强度。

3. 影响零件的强度

零件微观不平的凸凹痕迹越深,表面越粗糙,对疲劳强度的影响越大。在交变应力的作用下易产生应力集中,使表面出现疲劳裂纹,从而降低零件的疲劳强度。

4. 影响零件的抗腐蚀性能

零件表面越粗糙,表面微观凸凹痕迹越深,越容易黏附、存积腐蚀性物质,零件表面形成电化学腐蚀机理,加剧表面腐蚀。需提高零件表面粗糙度的质量,可以增强其抗腐蚀的能力。

5. 影响零件均衡受力

表面粗糙度值越大,零件表面间的实际接触面积就越小,单位面积受力就越大,零件均衡受力越差。使峰顶处的局部接触面塑性变形增大,接触刚度变差。从而影响机器的工作精度和抗振性能。

6. 影响机械工作精度

零件表面粗糙不平,磨损也大,摩擦系数大,运动阻力增加,不仅会降低机械运动的灵敏性,而且影响机器或设备工作精度和抗振性能。因而,零件表面越光滑,表面粗糙度数值越小,机械运转越灵活、精准。

(二)表面粗糙度评定参数

1. 基本术语

1) 实际轮廓

实际轮廓是指一平面与零件实际表面垂直相交所得的轮廓线。一般分为横向实际轮廓和纵向实际轮廓。通常指横向实际轮廓,如图 7-18 所示。

2)取样长度 l

用来判断表面粗糙度特征的一段基准长度。合理的取样长度可以减少其他的几何误差,特别是表面波纹度对测量结果的影响。表面越粗糙,波距也越大,取样长度越大。较大的取样长度才能反映一定数量的微观凸凹不平的痕迹。一般情况下,取样长度至少包括 5 个峰和 5 个谷,如图 7-19 所示。取样长度系列值见表 7-10。

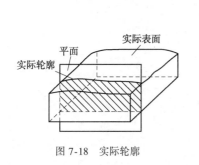

图 7-18 实际轮廓

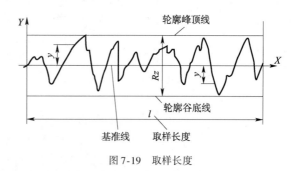

图 7-19 取样长度

取样长度系列参数(单位:mm) 表 7-10

l	0.08	0.25	0.8	2.5	8	25

3)评定长度 l_n

评定长度是指在评定表面粗糙度时所必需的一段长度,它可以包括一个或几个取样长度。一般情况下,按标准推荐取 $l_n = 5l$。若被测表面均匀性好,可选用小于 $5l$ 的评定长度值;反之,均匀性较差的表面应选用大于 $5l$ 的评定长度值。

4)轮廓中线

评定表面粗糙度参数值大小的一条参考线,即基准线。实际中常用轮廓算术平均中线,即在轮廓上找到一条直线,该直线使上、下部分的面积相等,如图 7-19 所示。

2. 主要评定参数

为了全面、客观的对表面粗糙度评定,《产品几何技术规范 表面结构 轮廓法 表面结构的术语、定义及参数》(GB/T 3505—2009),《表面粗糙度 参数及数值》(GB/T 1301—2009),从表面微观几何形状幅度、间距和形状三个方面的特征,规定了评定参数。

表面粗糙度评定参数共四个,即幅度参数(高度参数)两个:轮廓算术平均偏差 Ra,轮廓最大高度 Rz;间距参数两个:轮廓单元的平均宽度 R_{sm},轮廓的支撑长度率 $R_{mr}(c)$。

1)轮廓算术平均偏差 Ra

轮廓算术平均偏差 Ra 指在取样长度内轮廓上各点至轮廓中线距离的算术平均值,如图 7-20 所示。其表达式为:

$$Ra = \frac{1}{n}(y_1 + y_2 + y_3 + \cdots + y_n)$$

$$= \frac{1}{n}\sum_{i=1}^{n} |y_i| \qquad (7-2)$$

图 7-20 中,y_1、y_2、y_3、$\cdots$、y_n 分别为轮廓上各点至轮廓基准线的距离,单位为 μm。

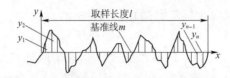

图 7-20　算术平均偏差 Ra

2）轮廓最大高度 Rz

轮廓最大高度 Rz 是指在取样长度内，被评定轮廓上各个极点至中线的距离中最大轮廓峰高 y_p 与最大轮廓谷深 y_v 之和的高度，如图 7-21 所示。

$$Rz = y_p + y_v \tag{7-3}$$

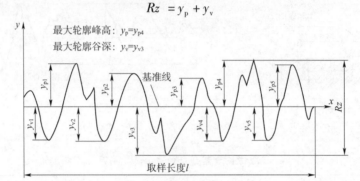

图 7-21　轮廓最大高度 Rz

3）轮廓单元的平均宽度 R_{sm}

一个轮廓峰与相邻的轮廓谷的组合称为轮廓单元。R_{sm} 指在一个取样长度 l 范围内，中线与各个轮廓单元相交线段的宽度（轮廓的宽度）的平均值，如图 7-22 所示。

$$R_{sm} = \frac{1}{n}\sum_{i=1}^{n}|X_{si}| \tag{7-4}$$

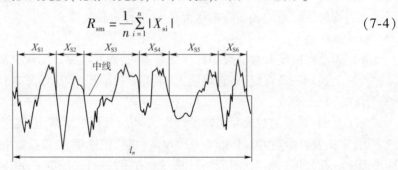

图 7-22　轮廓单元宽度

4）轮廓的支撑长度率 $R_{mr}(c)$

在给定水平位置 C（轮廓截面高度）上，用一条平行于 X 轴的直线与轮廓单元相截，所得各段截线长度之和（即轮廓实体长度）与评定长度的比率（图 7-23）。

$$R_{sm} = \frac{Ml_1 + Ml_2 + \cdots}{l} \times 100\% = \frac{\sum_{i=1}^{n}|Ml_i|}{l} \times 100\% \tag{7-5}$$

表面粗糙度的要求应该以上四个参数中选用，其中幅度参数为基本参数。如无特殊要求一般应该优先选用。在幅度参数中，轮廓算术平均偏差 Ra 能够比较直观反映零件表面粗糙度实际情况，应该优先选用。测得的 Ra 值越大，则表面越粗糙。反之，Ra 值越小零件表面越光滑。

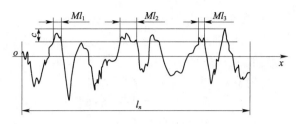

图 7-23 轮廓的支撑长度

《表面粗糙度 参数及其数值》(GB/T 1031—2009)对粗糙度 Ra 参数值作了系列规范,见表 7-11。在实际生产和应用中应该按国家标准系列参数选用。

表面粗糙度值(单位:μm)　　　　　　　　　　　　　　　　　表 7-11

项目	表面粗糙度值												
Ra	0.012	0.025	0.050	0.100	0.20	0.40	0.80	1.6	3.2	6.3	12.5	25	50	100

(三)表面粗糙度符号、代号

1.表面结构符号

根据《产品几何技术规范(GPS) 技术产品文件中表面结构的表示法》(GB/T 131—2006)规定,表面结构的基本符号如图 7-24 所示。

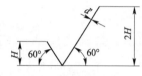

图 7-24 表面粗糙度基本符号

表面粗糙度符号(表面结构符号)和含义见表 7-12。

表面粗糙度(表面结构)符号　　　　　　　　　　　　　　　　　表 7-12

符 号	含 义
✓	基本图形符号:仅用于简化代号标注,没有补充说明时不能单独使用
✓	扩展图形符号:表示用去除材料方法获得的表面,如通过机械加工获得的表面
✓	扩展图形符号:表示用不去除材料方法获得的表面,如铸、锻、冲压成形、热轧、冷轧、粉末冶金等;也用于保持原有供应状态或上道工序形成的表面(不论是否去除材料获得)
✓ ✓ ✓	完整图形符号:当要求标注表面结构特征的补充信息时,应在原相应符号上加一条横线
✓ ✓ ✓	在完整图形符号上加一小圆,表示同类型所有表面具有相同的表面粗糙度要求

2.极限值判断规则

1)16%规则

16%规则是表面粗糙度轮廓技术要求中的默认规则,若采用,则图样不需要注出。

2)最大规则

在参数符号 Ra 或 Rz 的后面标注"max"的标记。

3. 表面结构代号及含义

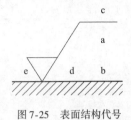

图 7-25 表面结构代号

国家标准 GB/T 131—2006 规定了表面结构代号及各参数的注写位置，如图 7-25 所示。

(1) a——注写第一个表面结构要求。

(2) b——注写第二个表面结构要求。

(3) c——注写零件加工方法。

(4) d——注写零件表面加工文理和方向。

(5) e——注写所要求的加工余量，单位为 mm。

表面结构代号是在其完整图形符号上标注各项参数构成的。在表面结构代号上标注轮廓算术平均偏差 Ra 和轮廓最大高度 Rz 时，其参数值前应标出相应的参数代号 "Ra" 或 "Rz"。参数标注及含义见表 7-13。

表面粗糙度(表面结构)代号及含义　　　　　　表 7-13

代　　号	含　　义
$\sqrt{Ra\ 6.3}$	允许任何加工方法，轮廓算术平均偏差 Ra 上限值为 6.3μm，5 个取样长度(默认)，"16% 规则"（默认）
$\sqrt{Ra\ 0.8}$	采用去除材料加工方法，轮廓算术平均偏差 Ra 上限值为 0.8μm，5 个取样长度，"16% 规则"
$\sqrt{Ra\ 25}$	不允许去除材料，轮廓算术平均偏差 Ra 上限值为 25μm，5 个评定取样长度，"16% 规则"
$\sqrt{\begin{array}{l}U\ Ra\ 3.2\\ L\ Ra\ 1.6\end{array}}$　$\sqrt{\begin{array}{l}Ra\ 3.2\\ Ra\ 1.6\end{array}}$	采用去除材料方法，轮廓算术平均偏差 Ra 上限值为 3.2μm，Ra 的下限值为 1.6μm，5 个评定取样长度，"16% 规则"。在不引起误会的情况下，也可省略标注 U、L
$0.5\sqrt{}\ \sqrt{\begin{array}{l}磨\\ Ra_{max}\ 3.2\end{array}}\bot$	采用去除材料方法，轮廓算术平均偏差 Ra 最大值为 3.2μm，"最大规则"，5 个评定取样长度。加工余量 0.5mm，磨削加工，纹理沿垂直方向
$\sqrt{\begin{array}{l}Ra_{max}\ 3.2\\ Ra_{min}\ 1.6\end{array}}$	采用去除材料方法，轮廓算术平均偏差 Ra 最大值为 3.2μm，Ra 的最小值为 1.6μm，5 个评定取样长度，"最大规则"
$\sqrt{-0.8/Ra3\ 3.2}$	用去除材料方法，轮廓算术平均偏差 Ra 的上限值为 3.2μm，取样长度 0.8mm，评定包含 3 个取样长度，"16% 规则"
$\sqrt{\begin{array}{l}U\ Ra\ 3.2\\ U\ Rz\ 1.6\end{array}}$	采用去除材料方法，轮廓算术平均偏差 Ra 的上限值为 3.2μm，轮廓最大高度 Rz 的上限值为 1.6μm，5 个评定取样长度，"16% 规则"

4. 机械加工纹理

国家标准规定了标注的零件表面加工纹理，必要时按国家标准标注，见表 7-14。

机 械 加 工 纹 理 表 7-14

符 号	图 例	说 明
=		纹理方向平行于视图所在投影面
⊥		纹理方向垂直于视图所在投影面
X		纹理呈两斜向交叉且与视图所在投影面相交
M		纹理呈多方向
C		纹理近似为以表面的中心为圆心的同心圆
R		纹理近似为通过表面中心的辐线
P		纹理无方向或呈凸起的细粒状

(四)表面粗糙度的标注

表面粗糙度的标注主要应用在零件图中,标注时应根据视图的投影方向和位置,图样的空间大小,尽可能将表面粗糙度代号(结构代号)标注在零件投影的可见轮廓线及其延长线、尺寸指引线、尺寸线和尺寸界线上(图 7-26 ~ 图 7-29),也允许标注在形位公差框格上,如图 7-30 所示。

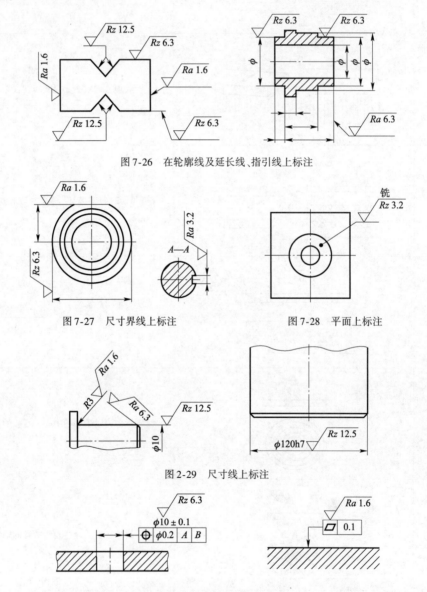

图 7-26 在轮廓线及延长线、指引线上标注

图 7-27 尺寸界线上标注

图 7-28 平面上标注

图 2-29 尺寸线上标注

图 7-30 形位公差上标注

若在零件的多数平面有相同的表面粗糙度要求。则其表面粗糙度要求,可采用统一简化标注在图样标题栏附近,表面粗糙度结构符号后面还应该用括号标注基本符号,如图 7-31 a)所示。或者在括号内标注出其他不同的表面结构要求,如图 7-31 b)所示。

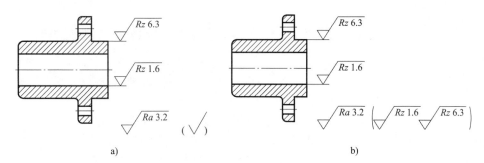

图 7-31 简化标注

只用表面结构符号的简化标注。可用表 7-12 的前三种相应类型简化结构符号,以等式的形式,给出对多个表面共同的表面结构要求,如图 7-32 所示。

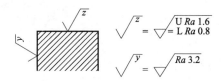

图 7-32 等式简化标注

还可用带字母的完整符号,以等式的形式,在图形和标题栏附近,对有相同表面结构要求的表面进行简化标注,如图 7-33 所示。

图 7-33 带字母的完整符号简化标注

模块小结

(一)尺寸公差及标注

1. 公差与配合的基本术语及定义

(1)零件的互换性。零件在批量生产中,一批相同规格的零件,不经挑选或修配便可以直接装配到机器或部件上,并能达到机器或部件性能要求,这一特性称为零件的互换性。

(2)尺寸:尺寸是指用特定单位表示长度大小的数值。

(3)公称尺寸:设计给定的尺寸称为公称尺寸。

(4)实际尺寸:通过测量获得的尺寸称为实际尺寸。

(5)尺寸公差:尺寸公差是指允许尺寸的变动量,简称公差。公差等于上极限尺寸减下极限尺寸之差,或上极限偏差减下极限偏差之差。

(6)极限尺寸:允许的尺寸变化的两个界限值,称为极限尺寸。

(7)偏差:偏差是某一尺寸减去公称尺寸所得的代数差。

①上极限偏差:上极限尺寸减去公称尺寸所得的代数差。孔和轴的上极限偏差分别用符号 ES、es 表示。

②下极限偏差:下极限尺寸减去公称尺寸所得的代数差。孔和轴的下极限偏差分别用

符号 EI、ei 表示。

③实际偏差:实际尺寸减去公称尺寸的代数差。偏差可能是正、负或零,书写或标注时正、负号或零都要标注。

(8)零线:零线是代表公称尺寸的一条直线。以零线为基准确定尺寸的偏差和公差。正偏差位于零线的上方,负偏差位于零线的下方,偏差为零时与零线重合。

(9)基本偏差:国家标准采用基本偏差来确定公差带相对于零线的位置。基本偏差是两个极限偏差(上极限偏差或下极限偏差)中靠近零线的那个极限偏差。

(10)公差带:公差带是指由代表上极限偏差和下极限偏差的两条直线所限的区域。

(11)配合:公称尺寸相同的相互结合的孔和轴公差带之间的关系称为配合。国家标准将配合分为间隙配合、过盈配合和过渡配合三种。

(12)配合公差(T_f):允许配合间隙或过盈的变动量称为配合公差。配合公差的大小为极限间隙或极限过盈之代数差的绝对值。

2. 标准公差系列

(1)标准公差:标准公差是指国家标准极限与配合制中所规定的公差。国家标准公差(IT)后边的数字表示公差等级。标准公差确定了公差带的大小。国家标准将标准公差分为20个公差等级。

(2)公差等级的选择:公差等级的选择原则为综合考虑机械零件的使用性能和经济性能两个方面的因素,在满足使用要求的条件下,尽量选取低的公差等级。

(3)线性尺寸未注公差:线性尺寸未注公差是指在一般加工条件下机械加工可以保证的公差,是机械设备正常维护和操作下,能达到的经济加工精度。

3. 配合制

(1)基孔制:基孔制是基本偏差为一定的孔的公差带,与不同基本偏差的轴的公差带形成各种配合的一种制度。

(2)基轴制:基轴制是基本偏差为一定的轴的公差带,与不同基本偏差的孔的公差带形成各种配合的一种制度。优先采用基孔制。

4. 常用配合与优选配合

国家标准对基孔制规定了 59 种常用配合,对基轴制规定了 47 种常用配合。在常用配合中又对基孔制、基轴制各规定了 13 种优先配合。

5. 尺寸公差的标注

尺寸公差的标注分为零件图上的尺寸公差标注和装配图上尺寸公差标注。

(二)形位公差及标注

1. 形位公差基本概念及定义

(1)形位公差定义:形状和位置公差简称形位公差,也称为几何公差。是指零件的实际形状和实际位置对理想形状和理想位置所允许的最大变动量。

(2)基本术语。

①要素:指构成零件几何特征的点、线、面。

②理想要素:具有理论上几何意义的要素。

③实际要素:零件上实际存在的要素。
④基准要素:用来确定被测要素方向和位置的要素,简称基准。
⑤被测要素:图样中有形状公差、位置公差的要求的要素。
⑥轮廓要素:由一个或几个表面形成的要素。
⑦中心要素:零件的对称中心、回转中心、轴线等点、线、面要素。如中心线、轴线、对称中心平面等要素。
⑧公差带:限制实际形状要素或位置要素的变动区域。

2. 形位公差的项目、名称及代号

形位公差代号由形位公差特征项目符号、形位公差框格及指引线、形位公差数值、基准符号和其他有关符号等组成。形位公差分为形状公差和位置公差两大类。

3. 形位公差带及意义

(1)形状公差:形状公差是单一实际要素的形状所允许的变动量。
(2)位置公差:位置公差是指关联实际要素的位置对基准所允许的变动量。

4. 形位公差的标注

(三)表面粗糙度及标注

1. 表面粗糙度的概念及定义

表面粗糙度是指零件加工表面具有的较小间距和微小峰谷的不平程度。
表面粗糙度的影响:
(1)影响零件摩擦和耐磨性;
(2)影响零件配合性质的稳定性;
(3)影响零件的强度;
(4)影响零件的抗腐蚀性能;
(5)影响零件均衡受力;
(6)影响机械工作精度。

2. 表面粗糙度评定参数

1)主要术语定义

(1)实际轮廓:实际轮廓是指一平面与零件实际表面垂直相交所得的轮廓线。一般分为横向实际轮廓和纵向实际轮廓。
(2)取样长度 l:用来判断表面粗糙度特征的一段基准长度。
(3)评定长度 l_n:评定长度是指在评定表面粗糙度时所必需的一段长度,它可以包括一个或几个取样长度。
(4)轮廓中线:评定表面粗糙度参数值大小的一条参考线,即基准线。

2)主要评定参数

幅度参数(高度参数)两个:轮廓算术平均偏差 Ra,轮廓最大高度 Rz。间距参数两个:轮廓单元的平均宽度 R_{sm},轮廓的支撑长度率 $R_{mr}(c)$。

(1)轮廓算术平均偏差 Ra:算术平均偏差 Ra 指在取样长度内轮廓上各点至轮廓中线距离的算术平均值。

(2)轮廓最大高度 R_z：轮廓最大高度 R_z 是指在取样长度内，被评定轮廓上各个极点至中线的距离中最大轮廓峰高 Y_p 与最大轮廓谷深 Y_v 之和的高度。

(3)轮廓单元的平均宽度 R_{sm}：一个轮廓峰与相邻的轮廓谷的组合称为轮廓单元。

(4)轮廓的支撑长度率 $R_{mr}(c)$：在给定水平位置 C（轮廓截面高度）上，用一条平行于 X 轴的直线与轮廓单元相截，所得各段截线长度之和（即轮廓实体长度）与评定长度的比率。

3. 表面粗糙度符号、代号

(1)表面结构符号：表面结构的基本符号如图 7-24 所示。

(2)极限值判断规则。

①16% 规则：16% 规则是表面粗糙度轮廓技术要求中的默认规则，若采用，则图样不需要注出。

②最大规则：在参数符号 Ra 或 Rz 的后面标注"max"的标记。

(3)表面结构代号及含义。GB/T 131—2006 规定了表面结构代号及各参数的注写位置，见图 7-25 和表 7-13。

(4)机械加工纹理：国家标准规定了标注的零件表面加工纹理，必要时按国家标准标注，见表 7-14。

(四)表面粗糙度的标注

表面粗糙度的标注主要应用在零件图中，标注原则方法如图 7-26 ~ 图 7-33 所示。

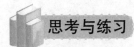

(一)填空题

1. 尺寸_____是指允许尺寸的变动量。
2. 公差带的包含两个要素，即公差带的_____和_____。
3. 公称尺寸相同的相互结合的孔和轴公差带之间的关系称为_____。
4. _____等于上极限偏差减下极限偏差之差。
5. _____是指由代表上极限偏差和下极限偏差的两条直线所限的区域。
6. _____指在取样长度内轮廓上各点至轮廓中线距离的算术平均值。
7. 公称尺寸相同的相互结合的孔和轴公差带之间的关系称为_____。
8. _____是指零件的实际形状和实际位置对理想形状和理想位置所允许的最大变动量。
9. 形位公差分为_____和_____两大类。其中有_____6 项，_____8 项。
10. 当基准要素为中心要素时，应将基准符号与该要素的_____对齐。

(二)判断题

1. 中心要素是指零件的对称中心、回转中心、轴线等点、线、面要素。（   ）
2. 基本偏差是两个极限偏差中零线上方的那个极限偏差。（   ）
3. 当被测要素为轮廓要素时，应将标注指引线箭头与该要素的尺寸线对齐。（   ）
4. 轮廓中线是评定表面粗糙度参数值大小的一条基准线。（   ）

5. 16%规则是表面粗糙度轮廓技术要求中的默认规则,若采用,则图样不需要注出。
(   )
6. 孔的公差带在轴的公差带之下的配合称为间隙配合。   (   )
7. 允许的尺寸变化的两个界限值,称为极限尺寸。   (   )
8. 过渡配合是相互配合的孔与轴之间,可能有间隙,也可能有过盈的一种配合。(   )
9. 公差等级的选择原则为综合考虑机械零件的性能因素,在满足使用要求的条件下,应尽量选取较高公差等级。
(   )
10. 当标注轮廓要素时,指引箭头的方向应垂直于被测要素,且箭头明显错开尺寸线。
(   )

模块八　标准件与常用件

学习目标

1. 掌握螺纹的要素、分类、标记和螺纹连接图的识读；
2. 掌握齿轮传动的作用、形式及齿轮有关参数、齿轮图的识读；
3. 掌握键、销的作用、种类及键、销连接图的识读；
4. 掌握弹簧的作用、特点、种类及弹簧在装配图中的识读；
5. 掌握滚动轴承的作用、性质、组成、标记及滚动轴承在装配图中的识读。

建议课时

8课时。

机器中被广泛应用的零件称为常用件,如螺纹件、键、销、滚动轴承、齿轮、弹簧等。其中,某些在形状、结构、尺寸、画法、标记等各方面,已经完全标准化的零件称为标准件,如螺纹件、键、销、滚动轴承等,如图8-1所示。

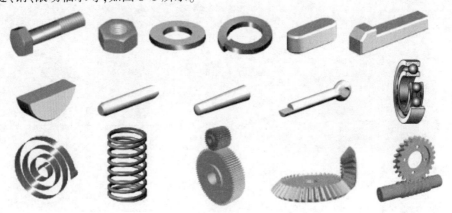

图8-1　标准件与常用件

在机械设计和机器的生产制造中,由于标准件一般都是根据标记直接外购,所以不必画出零件图。但是在装配图中,为了表达机器中各零、部件的装配关系等内容,则必须画出标准件。

为了提高工作效率,国家颁布了许多国家标准,对一些已经标准化的结构形状,进行了一系列的规定。在绘图时,对这些已经标准化的结构形状,如螺纹的牙型、齿轮的齿廓曲线等,不需要按其真实的投影绘制,只需根据国家标准的规定画法、代号或标记进行绘图和标注即可,它们的结构、尺寸等内容可在相应国家标准或机械设计手册中查得。

本模块主要介绍螺纹件、键、销、滚动轴承、齿轮、弹簧等。

一、螺纹及螺纹连接画法

(一) 螺纹概述

(1) 螺纹是一种根据螺旋线原理加工而成的结构。在圆柱(或圆锥)的外表面上形成的螺纹称为外螺纹,在内孔表面上形成的螺纹称为内螺纹。在工程中,应用螺纹结构连接的零件称为螺纹紧固件(或螺纹连接件)。

(2) 螺纹的加工方法。

① 外螺纹的加工方法。图 8-2a)所示为在车床上加工外螺纹的情况。当加工直径较小的外螺纹时,则采用板牙手工加工,如图 8-2c)所示。

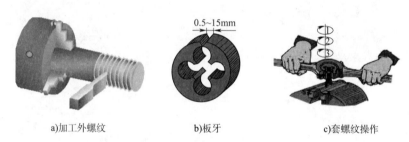

a) 加工外螺纹　　　　b) 板牙　　　　c) 套螺纹操作

图 8-2　外螺纹的加工方法

② 内螺纹的加工方法。图 8-3a)所示为在车床上加工内螺纹的情况。当加工直径较小的内螺纹时,则在钻床上加工,用钻头钻底孔后再换丝锥攻螺纹,如图 8-3b)所示。

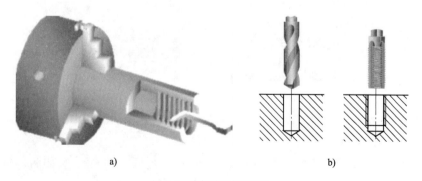

a)　　　　　　　　　　　　b)

图 8-3　内螺纹的加工方法

(二) 螺纹的要素

1. 牙型

牙型指通过螺纹轴线剖切所得的螺纹纵向断面轮廓形状,如图 8-4 所示。

a)三角形　　　　　b)梯形　　　　　c)矩形　　　　　d)锯齿形

图 8-4　螺纹的牙型

2. 直径

螺纹部分有三个规定的假想直径,如图 8-5 所示,分别为:

(1) 大径:d(外螺纹)或 D(内螺纹)。大径指与外螺纹牙顶或内螺纹牙底相重合的假想圆柱的直径。同时,大径也是螺纹的公称直径。

(2) 小径:d_1(外螺纹)或 D_1(内螺纹)。小径指与外螺纹牙底或内螺纹牙顶相重合的假想圆柱的直径。

(3) 中径:d_2(外螺纹)或 D_2(内螺纹)。中径指位于大径与小径之间的一个假想圆柱的直径。标准规定,在中径的母线上,牙的厚度等于槽的宽度。

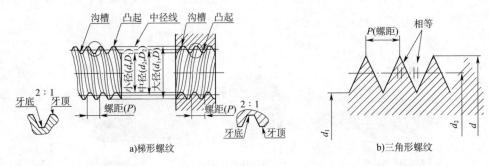

a)梯形螺纹　　　　　　　　　　　　　　b)三角形螺纹

图 8-5　螺纹的直径

3. 线数 n

螺纹有单线和多线之分。沿一条螺旋线形成的螺纹称为单线螺纹,沿两条以上螺旋线形成的螺纹称为多线螺纹,如图 8-6 所示。

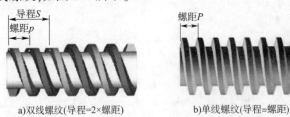

a)双线螺纹(导程=2×螺距)　　　　b)单线螺纹(导程=螺距)

图 8-6　螺纹的线数、螺距与导程

4. 螺距和导程

(1) 螺距 P。螺距指相邻两牙在中径线上对应两点之间的轴向距离,如图 8-6 所示。

(2) 导程 $S = nP$。导程指同一条螺旋线上相邻两牙在中径线上对应两点之间的轴向距离。

5. 旋向

螺纹有右旋和左旋两种。外螺纹旋入螺孔时,顺时针旋入的为右旋,逆时针旋入的为左旋,如图 8-7 所示。

a)左旋　　　　　　　　b)右旋

图 8-7　螺纹的旋向

注意:牙型、大径、螺距、线数和旋向是确定螺纹几何尺寸的五要素。只有五要素完全相同的外螺纹和内螺纹才能相互旋合在一起。

(三)螺纹的分类

(1)按牙型可分为:三角形螺纹(M)、梯形螺纹(Tr)、锯齿形螺纹(B)、矩形螺纹(无代号)等,如图 8-8 所示。

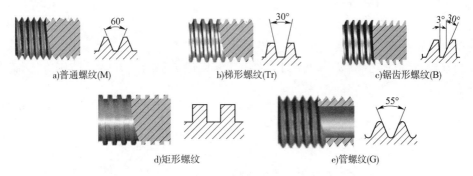

图 8-8　螺纹的牙型

(2)按螺纹三要素(牙型、直径、螺距)分为:

①标准螺纹:三个要素均符合国家标准。

②特殊螺纹:只有牙型符合国家标准,而直径、螺距不符合国家标准。

③非标螺纹:三个要素均不符合国家标准。

(3)按用途分类,如图 8-9 所示。

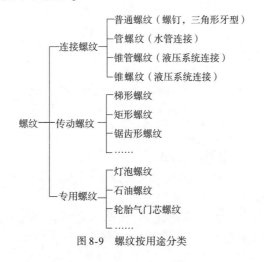

图 8-9　螺纹按用途分类

(四)螺纹的画法

1. 外螺纹的画法(图 8-10)

(1)在非圆视图中,大径"d"的轮廓线、螺纹终止线、倒角轮廓线采用粗实线绘制;小径按 $d_1 = 0.85d$ 采用细实线绘制;中径 d_2 线不画。

(2)在圆视图中,大径"d"采用粗实线绘制;小径按 $d_1 = 0.85d$ 采用细实线绘制成 3/4 圆;倒角、中径 d_2 线不画。

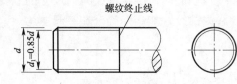

图 8-10 外螺纹的画法

2. 内螺纹的画法(图 8-11)

(1)在非圆视图中,小径"$D_1 = 0.85D$"的轮廓线、螺纹终止线、倒角轮廓线采用粗实线绘制;大径"D"采用细实线绘制;中径"D_2"线不画。

(2)在圆视图中,小径"$D_1 = 0.85D$"采用粗实线绘制;大径"D"采用细实线绘制成 3/4 圆;倒角、中径"D_2"线不画。

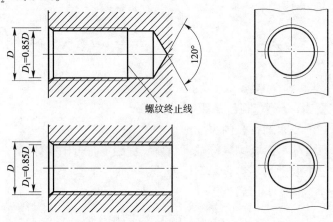

图 8-11 内螺纹的画法

3. 内、外螺纹连接画法(图 8-12)

(1)内、外螺纹重叠部分按外螺纹绘制。

(2)内螺纹小径的粗实线应对齐外螺纹小径的细实线;外螺纹大径的粗实线应对齐内螺纹大径的细实线。

(3)外螺纹的端面不应超过内螺纹的终止线。

(4)外螺纹的终止线不应超过内螺纹端面的里面。

(5)45°剖面线应画到外螺纹大径粗实线、内螺纹小径粗实线上。

4. 牙型的表示方法(图 8-13)

当需要表示螺纹的牙型时,可用剖视图、局部剖视图和局部放大图表示,如图 8-13 所示。注意,只有非标准的螺纹才需要表示牙型。

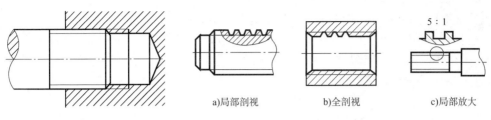

图 8-12 内、外螺纹连接画法　　　　图 8-13 牙型的表示方法

(五) 螺纹的标注

(1) 普通螺纹的标注形式如图 8-14 所示。

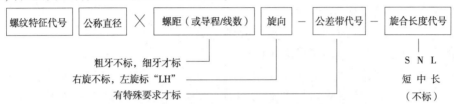

图 8-14 普通螺纹的标注

【例 8-1】 M10×1LH-5g6g-S 的含义是什么？

答：普通螺纹；公称直径(大径)为 10mm；细牙螺纹，单线螺纹，螺距为 1mm；左旋；中径公差和顶径公差带代号分别为 5g、6g，外螺纹(公差带代号为小写字母的表示外螺纹)；短旋合长度。

【例 8-2】 M20-5g6g-S 的含义是什么？

答：普通螺纹；公称直径(大径)为 20 mm；粗牙螺纹，单线螺纹；右旋；中径公差和顶径公差带代号分别为 5g、6g，外螺纹(公差带代号为小写字母的表示外螺纹)；短旋合长度。

【例 8-3】 M10×1 LH-6H 的含义是什么？

答：普通螺纹；公称直径(大径)为 10mm；细牙螺纹，单线螺纹，螺距为 1 mm；左旋，中径公差和顶径公差带代号均为 6H，内螺纹(公差带代号为大写字母的表示内螺纹)；中等旋合长度。

(2) 锯齿形螺纹、梯形螺纹的标注形式如图 8-15 所示。

图 8-15 锯齿形螺纹、梯形螺纹的标注

【例 8-4】 Tr 32×6 - 6H 的含义是什么？

答：梯形螺纹；公称直径(大径)为 32mm；单线螺纹，螺距为 6mm；右旋，中径公差带代号为 6H(梯形螺纹不注顶径公差带代号)，内螺纹(公差带代号为大写字母的表示内螺纹)；中等旋合长度。

【例 8-5】 B32×12(P6)LH-8H-L 的含义是什么？

答：锯齿形螺纹；公称直径(大径)为 32mm；双线螺纹，导程为 12mm，螺距为 6mm；左旋，中径公差带代号为 8H(锯齿形螺纹不注顶径公差带代号)，内螺纹(公差带代号为大写字母的表示内螺纹)；长旋合长度。

【例8-6】 Tr 40×14(P7)LH-7H 的含义是什么？

答：梯形螺纹；公称直径（大径）为 40mm；双线螺纹，导程为 14mm，螺距为 7mm；左旋，中径公差带代号为 7H（梯形螺纹不注顶径公差带代号），内螺纹（公差带代号为大写字母的表示内螺纹）；中等旋合长度，如图 8-16 所示。

(3) 对于特殊螺纹应在牙型符号前加注"特"字，如图 8-16 所示。

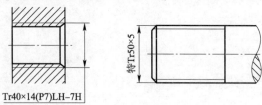

图 8-16 梯形螺纹的表示方法

【例8-7】 特 Tr50×5 的含义是什么？

答：牙型为梯形的特殊螺纹，即牙形符合国家标准为梯形螺纹，但直径、螺距不符合国家标准。具体含义为：特殊的梯形螺纹；公称直径（大径）为 50mm；单线螺纹，螺距为 5mm；右旋；中等旋合长度。

(4) 管螺纹标注（图 8-17）。管螺纹分为 55°非密封管螺纹和 55°密封管螺纹两种。管螺纹的尺寸代号与带有外螺纹的管子的孔径的英寸数相近（1 英寸 = 25.4mm）。

①55°非密封管螺纹。非密封管螺纹连接由圆柱外螺纹与圆柱内螺纹旋合获得。内、外螺纹的特征代号均为 G。外螺纹的公差等级有 A 级和 B 级。

非密封管螺纹的标注形式如图 8-18 所示。

图 8-17 管螺纹（圆锥内螺纹）的表示方法

图 8-18 非密封管螺纹的标注

【例8-8】 G1/2A-LH 的含义是什么？

答：非密封管螺纹；尺寸代号为 1/2 吋；公差等级为 A 级的外螺纹；左旋。

②55°密封管螺纹。密封管螺纹连接由圆锥外螺纹与圆锥内螺纹旋合获得，或由圆锥外螺纹与圆柱内螺纹旋合获得。

密封管螺纹的特征代号分别为：与圆锥外螺纹旋合的圆柱内螺纹 Rp；与圆锥外螺纹旋合的圆锥内螺纹 Rc；与圆柱内螺纹旋合的圆锥外螺纹 R1；与圆锥内螺纹旋合的圆锥外螺纹 R2。

密封管螺纹的标注形式如图 8-19 所示

| 螺纹特征代号 | 尺寸代号 | — | 旋向 |

图 8-19 密封管螺纹的标注

【例8-9】 Rc1/2-LH 的含义是什么？

答:密封管螺纹(圆锥内螺纹);尺寸代号为/2 吋;左旋。

(六)常用螺纹连接件

运用螺纹的连接作用来连接和紧固一些零部件的零件,称为螺纹紧固件,也称为螺纹连接件。常用螺纹紧固件有螺栓、双头螺柱、螺钉、螺母和垫圈等,如图 8-20 所示。

a)六角头螺栓　　b)A型双头螺柱　　c)内六角圆柱头螺钉　　d)圆柱头螺钉　　e)沉头螺钉　　f)锥端紧定螺钉

g)I型六角螺母　　h)六角开槽螺母　　i)圆螺母　　j)平垫圈　　k)弹簧垫圈　　l)圆螺母用止退垫圈

图 8-20　常见螺纹紧固件

常见螺纹连接的方式有螺栓连接、螺柱连接和螺钉连接几种,如图 8-21 所示。

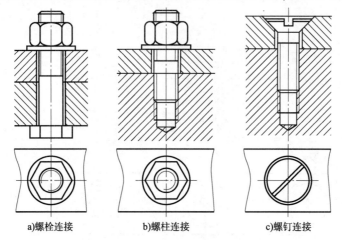

a)螺栓连接　　b)螺柱连接　　c)螺钉连接

图 8-21　常见螺纹连接的方式

1. 螺栓连接的画法

用螺栓、螺母和垫圈将两个都不太厚且能钻成通孔的零件连接在一起,称为螺栓连接。螺栓连接图的画法如图 8-22 所示。

2. 双头螺柱连接

双头螺柱连接,常用于被连接件之一厚度较大,不便钻成通孔,或由于其他原因不便使用螺栓连接的场合。螺柱连接图的画法如图 8-23 所示。

3. 螺钉连接

螺钉的种类很多,按其用途可分为连接螺钉和紧定螺钉两种。

1)连接螺钉

连接螺钉常用于受力不大又需经常拆卸的场合。螺钉连接的画法如图 8-24 和图 8-25 所示。

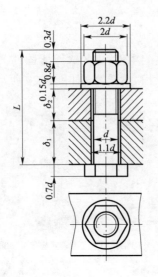

图8-22 螺栓连接图的画法

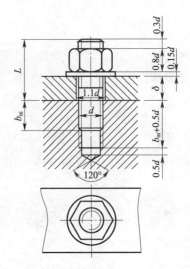

图8-23 螺柱连接图的画法

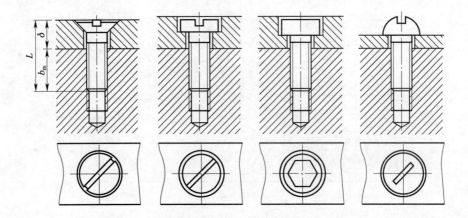

图8-24 螺钉连接图的画法

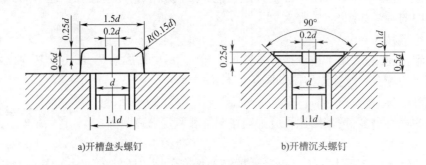

a) 开槽盘头螺钉　　　　　b) 开槽沉头螺钉

图8-25 螺钉头部的比例画法

2) 紧定螺钉

紧定螺钉也是经常使用的一种螺钉,常用类型有内六角锥端、平端、圆柱端,开槽锥端、圆柱端等。紧定螺钉主要用于防止两个零件的相对运动。紧定螺钉连接图的画法如图 8-26 所示。

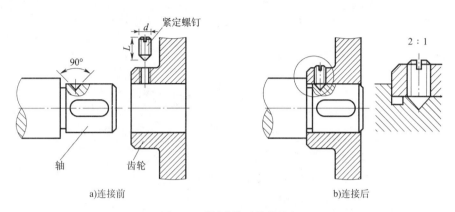

a)连接前　　　　　　　　　　　　b)连接后

图 8-26　紧定螺钉连接的画法

4. 螺纹连接图的简化画法

根据 GB/T 4459.1—1995 规定,画螺栓、螺柱、螺钉连接装配图时,可采用简化画法:

(1) 在装配图中,螺纹紧固件的工艺结构,如倒角、退刀槽、缩颈、凸肩等均可省略不画。

(2) 在装配图中,不穿通的螺纹孔可不画出钻孔深度,仅按有效螺纹部分的深度(不包括螺尾)画出。

(3) 在装配图中,螺纹头部的螺丝刀槽、弹簧垫圈的开口可画成加粗的粗实线涂黑表示。

二、齿轮及齿轮画法

(一)齿轮传动概述

齿轮只有轮齿部分已经标准化,其他部分没有标准化,因此齿轮属于常用件之一。齿轮传动用来起传递动力和运动、改变转速、改变转向的作用。

常见的齿轮传动形式有圆柱齿轮传动(用于平行两轴之间的传动)、锥齿轮传动(用于相交两轴之间的传动)、蜗杆蜗轮传动(用于交错两轴之间的传动),如图 8-27 所示。

a)圆柱齿轮传动　　　　b)锥齿轮传动　　　　c)蜗杆蜗轮传动

图 8-27　常见的齿轮传动形式

为了传动平稳、啮合正确,齿轮轮齿的齿廓曲线可以按渐开线、摆线、圆弧制成。最常见的齿轮为渐开线齿轮。

按齿轮是否为标准齿轮,齿轮分为标准齿轮和变位齿轮两种。一般均设计成标准齿轮,只有在条件不允许的情况下才采用变位齿轮。

圆柱齿轮的齿向有直齿、斜齿、人字齿等。

(二)标准直齿圆柱齿轮各几何要素的名称、代号和尺寸计算

标准直齿圆柱齿轮如图8-28所示。

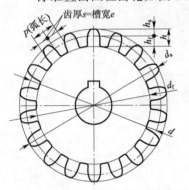

图8-28 齿轮各部分的名称及代号

(1)齿数 z:齿轮上轮齿的个数。

(2)分度圆直径 d:分度圆是一个假想的圆。在该圆上齿厚(s)等于齿槽宽(e)。$d = mz$。

(3)齿顶圆直径 d_a:通过齿轮顶面的圆柱面直径。$d_a = d + 2h_a = m(z + 2)$。

(4)齿根圆直径 d_f:通过齿根的圆柱面直径。$d_f = d - 2h_f = m(z - 2.5)$。

(5)齿顶高 h_a:齿顶圆与分度圆之间的距离。$h_a = m$。

(6)齿根高 h_f:齿根圆与分度圆之间的距离。$h_f = 1.25m$。

(7)齿高 h:齿顶圆与齿根圆之间的距离。$h = h_a + h_f = 2.25m$。

(8)齿距 p:指分度圆周上相邻两齿对应两点之间的弧长。

(9)齿厚 s:分度圆上轮齿的弧长。

(10)模数 m:齿轮设计、制造的重要参数。

因为分度圆周长 $= \pi \cdot d = p \cdot z$,所以 $d = \dfrac{p}{\pi} \cdot z$,令模数 $m = \dfrac{p}{\pi}$,则 $d = m \cdot z$。

由于不同模数的齿轮需要对应模数的刀具来加工,为了便于设计和加工,国家已经将模数标准化和系列化了,设计时模数需按标准化的模数确定。标准的模数系列值见表8-1。

齿轮的模数系列(GB/T 1357—1987)　　　　　表8-1

第一系列	1	1.25	1.5		2		2.5		3		4		5		6		8		10		12	16	20	25	32	40	50
第二系列				1.75		2.25		2.75		(3.25)		3.5		(3.75)		4.5		5.5		(6.5)	7	9	(11)	14	18	22	28	36	45

注:选择模数时,应优先选用第一系列,其次选用第二系列,括号内的模数尽可能不用。本表未摘录小于1的模数。

(11)齿形角(压力角)α:从动轮齿上受力点的受力方向与运动方向之夹角。(我国标准的齿形角 α 一般为20°)。

(12)中心距 a:指一对啮合齿轮圆心之间的距离。

$$a = \dfrac{d_1}{2} + \dfrac{d_2}{2} = \dfrac{m(z_1 + z_2)}{2} \tag{8-1}$$

(13)传动比 i:主动齿轮的转速与从动齿轮的转速之比。对于齿轮传动,传动比也等于从动齿轮的齿数与主动齿轮的齿数之比。即

$$i = \dfrac{n_\text{主}}{n_\text{从}} = \dfrac{z_\text{从}}{z_\text{主}} \qquad \left(i = \dfrac{n_1}{n_2} = \dfrac{z_2}{z_1}\right) \tag{8-2}$$

标准直齿圆柱齿轮的计算公式见表8-2。

标准直齿圆柱齿轮的计算公式　　　　　　　　　　表8-2

序　号	名　称	代　号	计 算 公 式
1	分度圆直径	d	$d = mz$
2	齿顶圆直径	d_a	$d_a = m(z+2)$
3	齿根圆直径	d_f	$d_f = m(z-2.5)$
4	齿顶高	h_a	$h_a = m$
5	齿根高	h_f	$h_f = 1.25m$
6	全齿高	h	$h = h_a + h_f = 2.25m$
7	齿距	p	$p = \pi m$
8	齿厚	s	$s = 1/2\pi m$
9	中心距	a	$a = 1/2(d_1+d_2) = 1/2m(z_1+z_2)$
10	模数	m	$m = p/\pi$

(三)圆柱齿轮的规定画法

1. 单个圆柱齿轮的画法

(1)圆视图的画法。齿顶圆用粗实线绘制,分度圆用点画线绘制,齿根圆用细实线绘制(也可以省略),如图8-29a)所示。

(2)非圆视图的画法。

①非圆视图画成视图:齿顶线用粗实线绘制,分度线用点画线绘制,齿根线用细实线绘制(也可以省略),如图8-29b)所示。

②非圆视图画成剖视图:齿顶线用粗实线绘制,分度线用点画线绘制,齿根线用粗实线绘制,如图8-29c)所示。

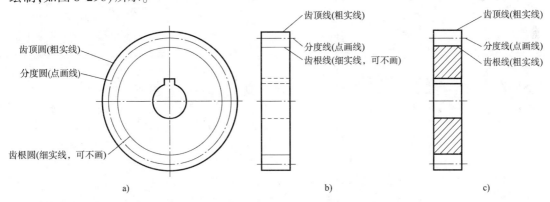

图8-29　单个圆柱齿轮的画法

2. 齿轮啮合时的画法

(1)圆视图中,两齿轮的分度圆相切;啮合区内,两齿轮的齿顶圆可以画成粗实线,如图8-30a)所示,也可省略不画,如图8-30b)所示。

(2)非圆视图可画成剖视图,也可画成视图。

①非圆视图画成剖视图时,两齿轮按单个齿轮剖视图的画法各画各的,但啮合区内一个齿轮的轮齿画成粗实线,另一个齿轮的轮齿被遮挡的部分画成虚线,如图8-30a)所示。

② 非圆视图画成视图时，两齿轮按单个齿轮视图的画法各画各的，但啮合区内两齿轮节线重合的位置画一条粗实线，如图 8-30c) 所示。

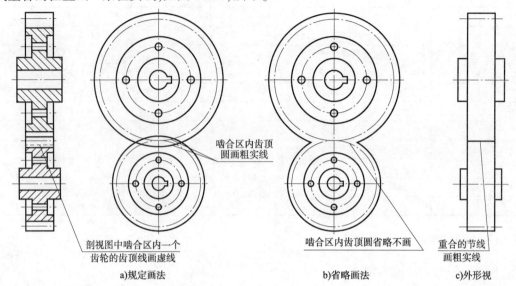

图 8-30 圆柱齿轮啮合的规定画法

(四) 圆柱齿轮的零件图

图 8-31 是一个直齿圆柱齿轮的零件图，包括一组视图、完整的尺寸、技术要求、标题栏。本例中，一组视图包括主视图和左视图共二个视图，主视图为全剖视图（注意图中轮齿部分的表达形式），左视图采用局部视图的形式表达齿轮的内孔和键槽。

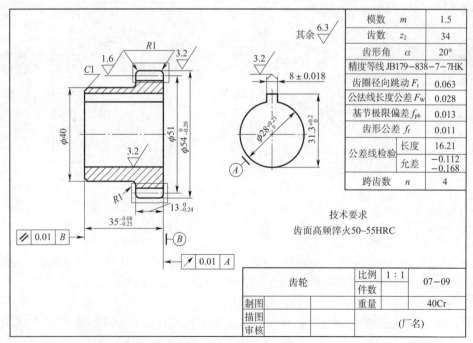

图 8-31 圆柱齿轮的零件图

三、键、销及其连接

(一) 键连接

键通常用来连接轴与装在轴上的转动零件(如齿轮、链轮、皮带轮等),并且起传递转矩的作用。图 8-32 所示为几种应用较广的键连接。

a)普通平键连接

b)半圆键连接

c)钩头楔键连接

图 8-32　键连接

1. 常用键的种类

常用的键的种类有普通平键、半圆键、钩头楔键等,如图 8-33 所示。

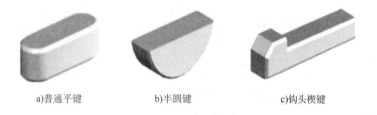

a)普通平键　　　　b)半圆键　　　　c)钩头楔键

图 8-33　常用的键的种类

普通平键又分为 A 型、B 型、C 型三种,如图 8-34 所示。在标记时,A 型省略 A 字,而 B、C 型应在 $b \times L$ 前标 B 或 C 字,具体标记方法见表 8-3。

a)A型　　　　b)B型　　　　c)C型

图 8-34　普通平键的种类

普通平键和半圆键的两个侧面是工作面,即两个侧面与键槽的两个侧面紧密接触用以传递运动和动力,而顶面和底面与键槽的底面之间有间隙,为非工作面。

相反,钩头楔键的顶面和底面是工作面,即顶面和底面分别与孔和轴上键槽的底面紧密接触用以传递运动和动力,而两个侧面与键槽的两个侧面之间有间隙,为非工作面。

2. 键的标记

键属于标准件之一，有关结构、尺寸和标注可根据其标记从有关标准中查出。常用键的标记和画法见表8-3。

常用键的标记和画法　　　　　　　表8-3

名　称	图　例	标记示例
普通平键 	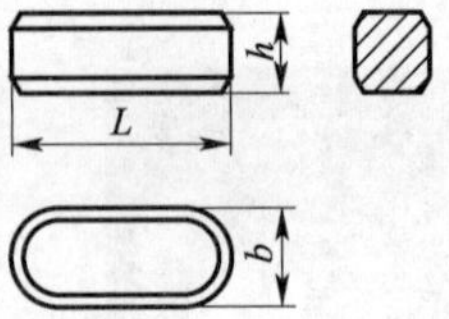	键 $b \times L$　GB/T 1096—2003
半圆键 	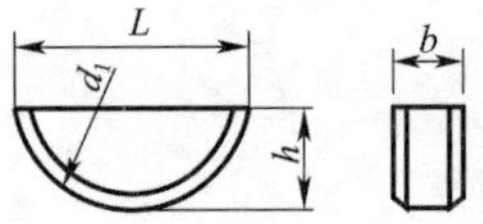	键 $b \times L$　GB/T 1099—2003
钩头楔键	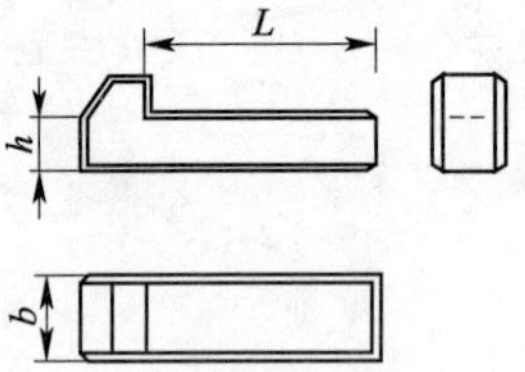	键 $b \times L$　GB/T 1565—2003

3. 键连接的画法

常用键连接的画法见表8-4。

常用键连接的画法　　　　　　　表8-4

名　称	画　法	注　释
普通平键连接	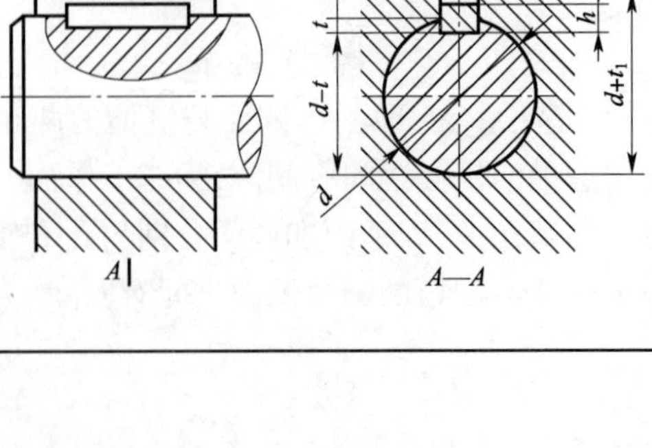	当剖切平面按纵向剖切并通过键的对称面时，键按未剖切绘制，其他均按真实投影绘制

续上表

名 称	画 法	注 释
半圆键连接	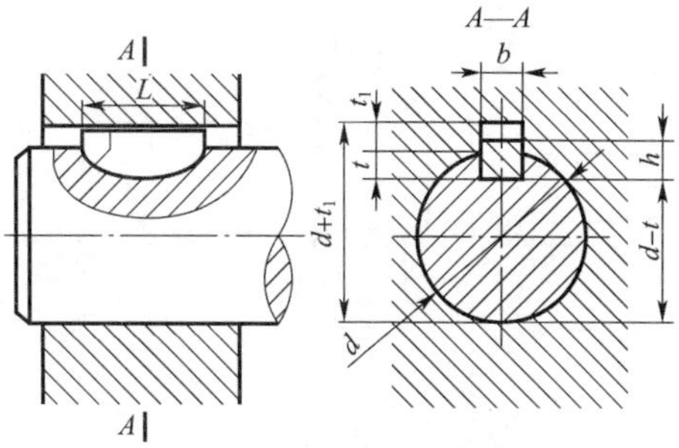	当剖切平面按纵向剖切并通过键的对称面时,键按未剖切绘制,其他均按真实投影绘制
钩头楔键连接	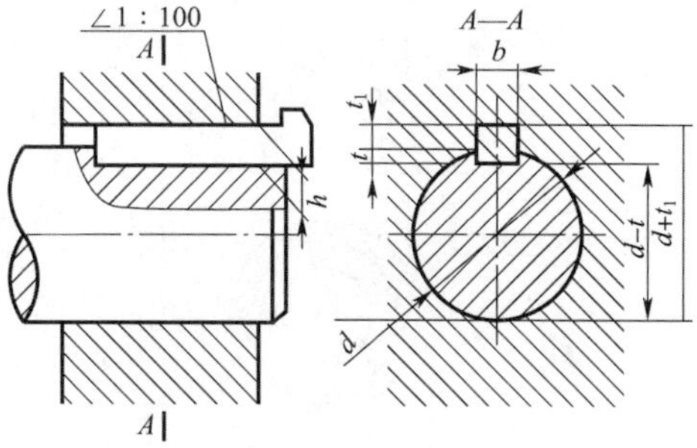	当剖切平面按纵向剖切并通过键的对称面时,键按未剖切绘制,其他均按真实投影绘制

(二) 销连接

销属于标准件之一,常用的销有圆柱销、圆锥销、开口销等,如图 8-35 所示。圆柱销和圆锥销在机器中通常用于连接或定位;开口销常用在螺纹连接的锁紧装置中,起防止螺母松动的作用。

a)圆柱销　　　b)圆锥销　　　c)开口销

图 8-35　常用的销

圆柱销、圆锥销和开口销的主要尺寸、标记和连接画法见表 8-5。

圆柱销、圆锥销和开口销的主要尺寸、标记和连接画法　　表 8-5

名称及标准	主要尺寸	连接画法	标记示例
圆柱销 GB/T 119.1—2000	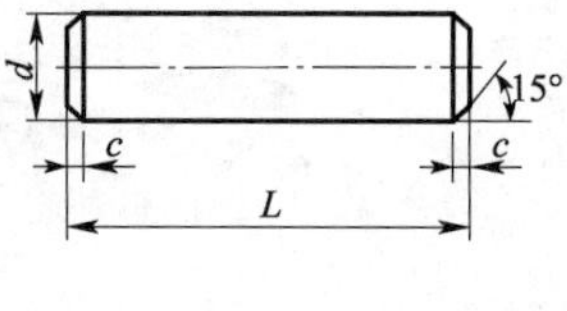	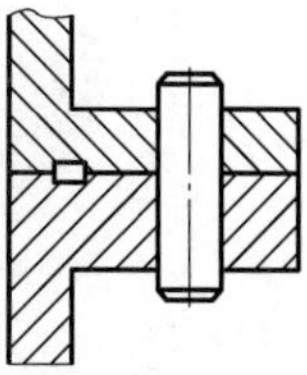	直径 d = 10 mm,公差为 m6,长度 L = 80mm 的圆柱销标记为:销 GB/T 119.1　10m6×80

续上表

名称及标准	主要尺寸	连接画法	标记示例
圆锥销 GB/T 117—2000			直径 $d=10$ mm，长度 $L=50$ mm 的 A 型圆锥销标记为：销 GB/T 117A10×50 圆锥销的直径指小端直径
开口销 GB/T 91—2000			直径 $d=4$ mm，长度 $L=20$ mm 的开口锥销标记为：销 GB/T 91 4×20 开口销的直径指销孔直径

四、弹簧及弹簧画法

(一)弹簧的用途及特点

弹簧的用途较广，主要用于减振、夹紧、承受冲击、储存能量、测力等方面。弹簧的特点是：在去掉外力后能立即恢复原状。

弹簧分为螺旋弹簧、碟形弹簧、板弹簧及片弹簧、平面涡卷弹簧等。其中，螺旋弹簧又分为压缩弹簧、拉伸弹簧、扭力弹簧三种。常用的弹簧如图 8-36 所示。下面仅介绍圆柱螺旋压缩弹簧的有关尺寸计算和画法，其他弹簧的画法可参阅 GB/T 4459.4—2003 的有关规定。

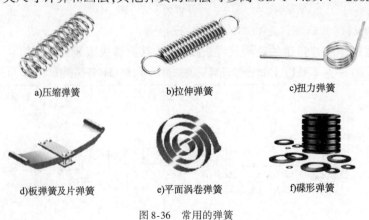

a)压缩弹簧　　b)拉伸弹簧　　c)扭力弹簧

d)板弹簧及片弹簧　　e)平面涡卷弹簧　　f)碟形弹簧

图 8-36　常用的弹簧

(二)圆柱螺旋压缩弹簧的参数及尺寸

圆柱螺旋压缩弹簧由钢丝绕成,通常将两端并紧、磨平,使其端面与轴线垂直,便于支撑且受力与轴线平行,如图 8-37 所示。

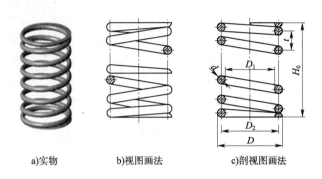

a)实物　　　　b)视图画法　　　　c)剖视图画法

图 8-37　圆柱螺旋压缩弹簧的画法及参数、尺寸

圆柱螺旋压缩弹簧的参数及尺寸:

(1)簧丝直径 d:指制造弹簧用的材料直径。

(2)外径 D:指弹簧的最大直径。$D = D_2 + d$。

内径 D_1:指弹簧的最小直径。$D_1 = D_2 - d$。

中径 D_2:指弹簧的平均直径。$D_2 = D - d = D_1 + d$。

(3)有效圈数 n:为了工作平稳一般不小于 3 圈。

支承圈数 n_0:弹簧两端并紧和磨平(或锻平)仅起支承或固定作用的圈数(一般取 1.5、2 或 2.5 圈)。

总圈数 n_1:有效圈数与支承圈数之和。$n_1 = n + n_0$。

(4)节距 t:指相邻两有效圈上对应点的轴向距离。

(5)自由高度 H_0:未受负荷时的弹簧高度。$H_0 = nt + (n_0 - 0.5)d$。

(6)展开长度 L:制造弹簧所需钢丝的长度。$L \approx n_1 \sqrt{(\pi \cdot D_2)^2 + t^2}$。

(三)圆柱螺旋压缩弹簧的规定画法

1. 单个圆柱螺旋压缩弹簧的画法(图 8-37)

(1)圆柱螺旋压缩弹簧是沿圆柱螺旋线绕成,其轮廓线按斜直线画出。

(2)有效圈数为 4 圈以上时,中间部分可省略不画。省略后弹簧图形可适当缩短。省略部分用中径的两条点画线表示,两端可只画 1~2 圈(支撑圈数不计算在内)。

(3)不论是右旋还是左旋弹簧,均按右旋弹簧画出,但是左旋弹簧必须加注"左"字。

2. 圆柱螺旋压缩弹簧在装配图中的画法(图 8-38)

(1)其他结构被弹簧挡住的部分不画,可见部分应从弹簧外轮廓线或从弹簧钢丝剖面的中心线画起,如图 8-38a)所示。

(2)弹簧钢丝直径在图中小于 2mm 时,断面上的剖面线可用涂黑来代替,如图 8-38b)所示。

(3)弹簧钢丝直径在图中小于1mm时,弹簧可采用示意画法,用单根粗实线绘制。如图8-38c)所示。

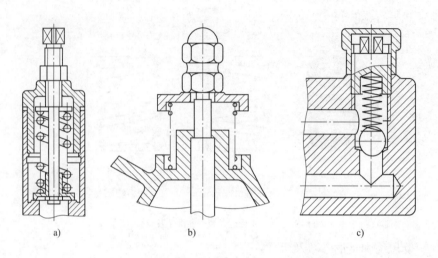

图8-38 圆柱螺旋压缩弹簧在装配图中的画法

3. 圆柱螺旋压缩弹簧画法示例

已知圆柱螺旋压缩弹簧的各参数 H_0、d、D_2、n_1、n_0,其作图步骤如图8-39所示。

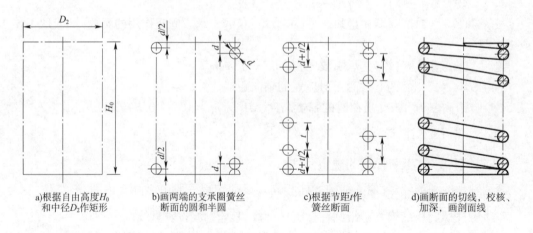

a)根据自由高度H_0和中径D_2作矩形　　b)画两端的支承圈簧丝断面的圆和半圆　　c)根据节距t作簧丝断面　　d)画断面的切线,校核、加深,画剖面线

图8-39 圆柱螺旋压缩弹簧在装配图中的画法

图8-40为圆柱螺旋压缩弹簧的零件图。根据国家标准的规定,弹簧的参数应直接标注在图形上,当直接标注有困难时,可在"技术要求"中说明。一般用图解方式表示弹簧的机械特性,标注在主视图上方。

图8-40中直角三角形中的斜边,表示外力(负荷)与弹簧变形(弹簧长度)之间的关系。其中,代号 P_1、P_2 为工作负荷,P_3 为工作极限负荷。

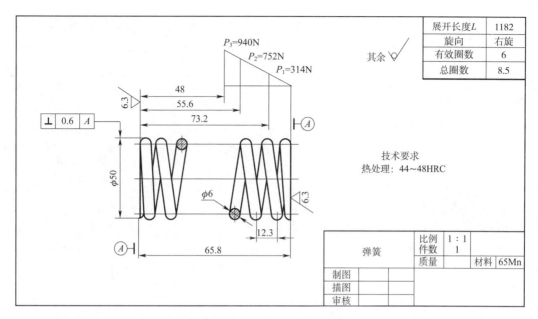

图 8-40 圆柱螺旋压缩弹簧的零件图

五、滚动轴承及画法

滚动轴承的作用是用来支承旋转的轴。它具有摩擦力小、结构紧凑、效率高等优点,已被广泛使用在机器中。就其性质来说,滚动轴承是一种部件,属于标准件之一,同时也是一种外购件。

滚动轴承按其承受载荷的方向不同,可分为三类:

(1)向心轴承:主要用以承受径向载荷(如深沟球轴承)。

(2)推力轴承:用以承受轴向载荷(如推力球轴承)。

(3)向心推力轴承:可同时承受径向和轴向的联合载荷(如圆锥滚子轴承)。

滚动轴承的种类、规格较多,因其为标准件,实际中可根据使用要求,查阅有关标准进行选用。

(一)滚动轴承的结构及其画法

滚动轴承的种类较多,但其结构大体相同。滚动轴承一般由、外圈、内圈、滚动体、保持架(器)四个基本部分组成(有些轴承较为特殊,会另增加有其他部分,如防尘盖等),如图 8-41 所示。

a)深沟球轴承

b)圆锥滚子轴承

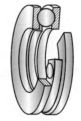
c)推力球轴承

图 8-41 滚动轴承的结构

《机械制图　滚动轴承表示法》(GB/T 4459.7—1998)规定,滚动轴承有通用画法、特征画法(又称简化画法)和规定画法共三种画法。各种画法见表8-6。

常用滚动轴承的表示法　　　　　　　　　　　　　　　　　　表8-6

轴承类型	结构形式	通用画法	特征画法	规定画法	承载特征
		(均指滚动轴承在所属装配图中的画法)			
深沟球轴承(GB/T 276—1994) 60000型			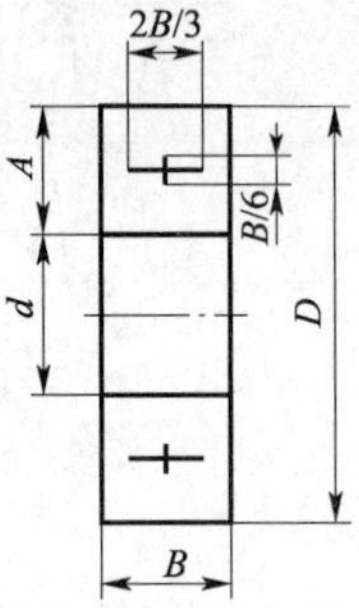	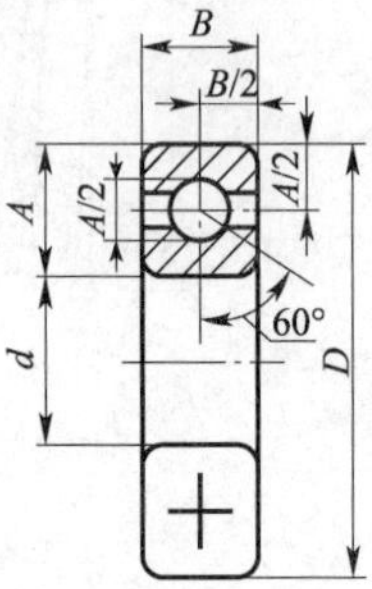	主要承受径向载荷
圆锥滚子轴承(BG/T 297—1994) 30000型		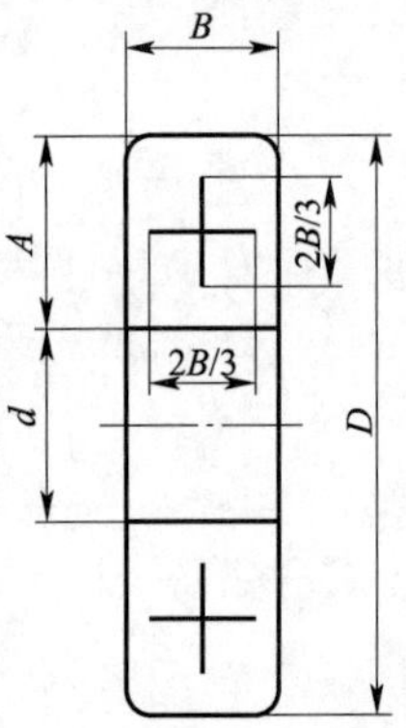	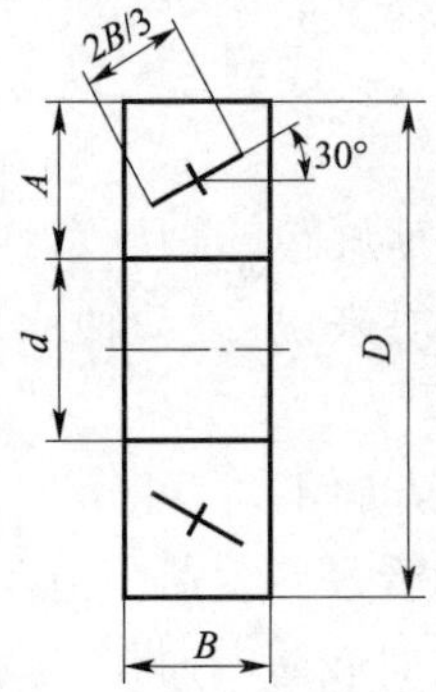	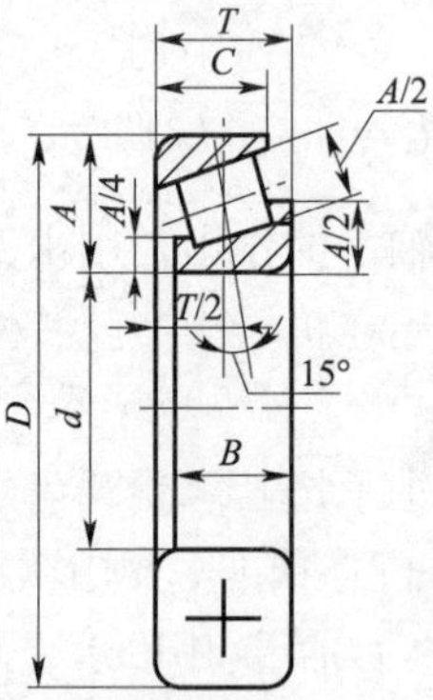	可同时承受径向和轴向载荷
推力球轴承(GB/T 301—1995) 51000型			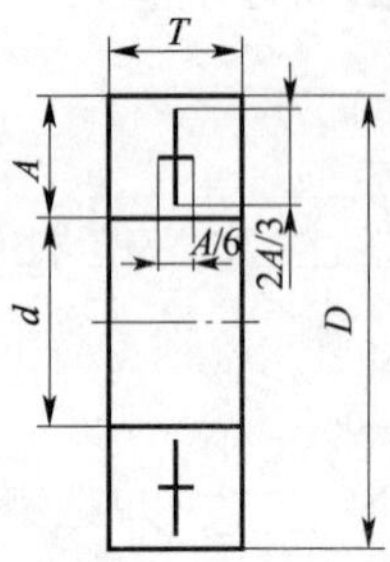	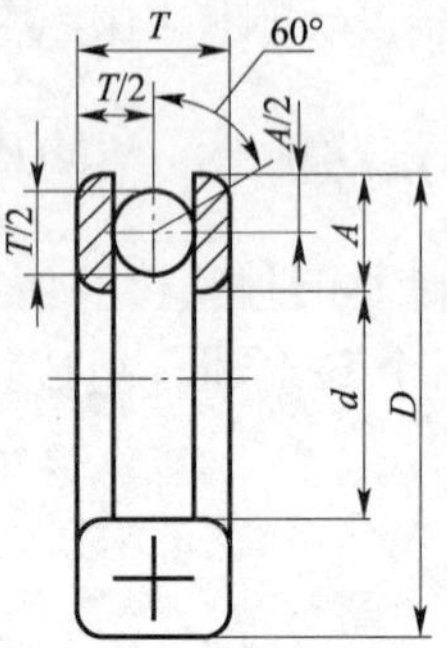	承受单方向的轴向载荷
3种画法的选用		当不需要准确表示滚动轴承的外形轮廓、载荷特征、结构特征时采用	当需要较形象地表示滚动轴承的结构特征时采用	在滚动轴承的产品图样、产品样本、产品标准和产品使用说明书中采用	

滚动轴承在装配图中一侧采用规定画法，另一侧采用通用画法，如图 8-42 所示。

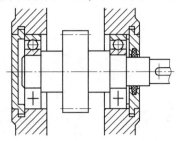

图 8-42　滚动轴承在装配图中的画法

(二) 滚动轴承的代号和标记

滚动轴承的代号由前置代号、基本代号和后置代号三个部分组成。一般的滚动轴承的代号只有基本代号，前置代号和后置代号是在轴承结构形状、尺寸和技术要求等有改变时，在其基本代号前、后添加的补充代号。前置代号用字母表示，后置代号用字母加数字表示，其含义及规定可在国家标准中查得。

当游隙为基本组、公差等级为 G 级时，滚动轴承常用基本代号表示。滚动轴承的基本代号一般由五位数字组成，其具体含义举例如下。

滚动轴承基本代号"31308"的含义：

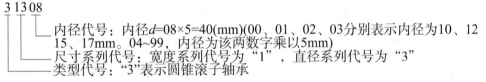

滚动轴承的规定标记是："滚动轴承　基本代号　标准编号"。举例说明如下：

【例 8-10】　"滚动轴承 51207 GB/T301—1995"的含义是什么？

答：滚动轴承 5 12 07 GB/T 301—1995

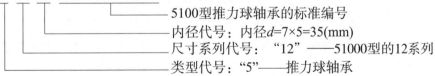

注：尺寸系列代号"12"中，"1"为宽度系列代号，"2"为直径系列代号。

【例 8-11】　"滚动轴承 6208 GB/T276-1994"的含义是什么？

答：滚动轴承 6 2 08 GB/T276—1994

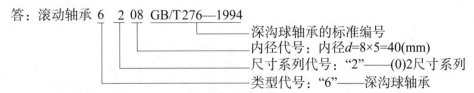

注：尺寸系列代号"2"实为"02"，其中"0"为宽度系列代号在此省略，"2"为直径系列代号。

模块小结

(1)标准件是形状、结构、尺寸等已经完全标准化的零(部)件,而常用件仅仅是"常用"的零件。注意,常用件或是全部没有标准化,或只是零件的某一部分已经标准化。区分一个零件是否是标准件,其实际意义在于:标准件在市场上可以买得到,而非标准件则买不到。因此,若机器中某个零件损坏后需要更换,对于该零件是否是标准件,更换的方法、程序也大不相同。

(2)螺纹件(螺栓、螺柱、螺钉、螺母、垫圈)属于标准件。牙型、大径、螺距、线数和旋向是确定螺纹几何尺寸的五要素。只有五要素完全相同的外螺纹和内螺纹才能相互旋合在一起。在实际应用中,重点在于能够识读各种螺纹连接图及螺纹的标记。

(3)齿轮属于常用件,而不属于标准件。机器中若齿轮损坏后需要更换,而在市场上却无法买到。解决齿轮更换问题,必须经过测量、计算后画出齿轮零件图,然后再委托机械工厂加工。齿轮计算重点要掌握齿顶圆、齿根圆、分度圆、中心距、传动比等及各公式。另外,实际中能够看懂齿轮零件图中的轮齿部分尤为重要。

(4)机器中,键连接、销连接应用较广,每台机器中基本上都有应用。在实际应用中,重点在于能够识读各种键、销连接图及键、销的标记。

(5)弹簧属于常用件,而不属于标准件。同样,弹簧损坏后要更换在市场上也无法买到,必须经过测量、计算后画出弹簧零件图,再委托机械工厂加工。

(6)滚动轴承属于标准件。重点是能够识读装配图中的滚动轴承,以及滚动轴承的标记。

思考与练习

(一)单选题

1.下列哪一项不是根据螺纹三要素进行分类的选项(　　)。
　　A.标准螺纹　　　B.非准螺纹　　　C.普通螺纹　　　D.特殊螺纹

2.按三要素进行分类是螺纹的分类方法之一,下列不属于该分类中所涉及的要素是(　　)。
　　A.牙型　　　　　B.线数　　　　　C.螺距　　　　　D.直径

3.普通螺纹的牙型为(　　)。
　　A.梯形　　　　　B.矩形　　　　　C.三角形　　　　D.锯齿形

4.在零件图中,需要表示牙型的是(　　)。
　　A.标准螺纹　　　B.非标准螺纹　　C.普通螺纹　　　D.特殊螺纹

5.普通螺纹的尺寸代号(即公称直径)是以(　　)为单位。
　　A.米　　　　　　B.厘米　　　　　C.毫米　　　　　D.英寸

6.普通螺纹的尺寸代号(即公称直径)是指(　　)。
　　A.螺纹的大径　　B.螺纹的中径　　C.螺纹的小径　　D.管孔的直径

7. 管螺纹的尺寸代号(即公称直径)是以( )为单位。
   A. 米　　　　　B. 厘米　　　　　C. 毫米　　　　　D. 英寸
8. 管螺纹的尺寸代号(即公称直径)是指( )。
   A. 螺纹的大径　　B. 螺纹的中径　　C. 螺纹的小径　　D. 管孔的直径
9. 圆柱齿轮传动用于( )两轴之间的传动。
   A. 平行　　　　　B. 垂直　　　　　C. 相交　　　　　D. 交叉
10. 齿轮模数值越大,该齿轮( )越大。
    A. 直径　　　　　B. 中心距　　　　C. 传动比　　　　D. 承载力
11. 一对圆柱齿轮传动,该两齿轮的( )相等。
    A. 直径　　　　　B. 齿数　　　　　C. 模数　　　　　D. 传动比
12. 下列不属于齿轮传动的作用的选项是( )。
    A. 传递转矩　　　B. 改变转速　　　C. 改变转向　　　D. 过载保护
13. 开口销的作用是( )。
    A. 连接　　　　　B. 防松　　　　　C. 定位　　　　　D. 过载保护
14. 普通平键的工作面是( )。
    A. 两侧面　　　　B. 两端面　　　　C. 顶面和底面　　D. 轴孔接触面
15. 钩头楔键的工作面是( )。
    A. 两侧面　　　　B. 两端面　　　　C. 顶面和底面　　D. 轴孔接触面
16. 滚动轴承"6205"的内孔直径是( )mm。
    A. 15　　　　　　B. 20　　　　　　C. 25　　　　　　D. 30
17. 滚动轴承"6205"中的"6"表示滚动轴承的( )。
    A. 外径　　　　　B. 内径　　　　　C. 宽度　　　　　D. 类型

模块九　装　配　图

学习目标

1. 了解装配图的作用和主要内容;
2. 了解装配图的主视图及其他视图选择原则,掌握装配图的基本表达方法;
3. 了解装配图尺寸标准方法及零、部件序号的编排方法;
4. 了解装配图的标题栏结构、组成;
5. 掌握看装配图的基本读图方法和步骤,能正确阅读和绘制简单装配图。

建议课时

6~8课时。

一、装配图的内容与作用

装配图是表达机器或部件装配关系的图样。主要表达机器或部件内零件之间的装配关系、结构原理、检验和调试等技术要求。是机器或部件生产制作、技术交流的重要技术文件。机器或部件的设计是通过绘制装配图开始进行的,通过绘制装配图(即设计)确定机器或部件的结构原理、装配关系、检验、调试的技术要求,从而确定各零件的功能、结构和尺寸等。

图 9-1 所示为轴承座零件的轴测图及分解图,为了设计、制造及技术交流,就需要绘制装配图。

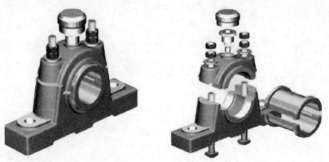

图 9-1　轴承座轴测图

一般完整的装配图应包括以下一些内容(图9-2)。

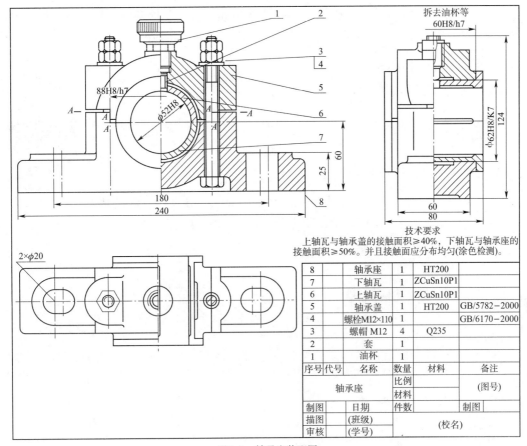

图 9-2 轴承座装配图

(一)一组视图

装配图采用一组视图(包括基本视图、剖视图、局部视图、断面图等)清晰、准确表达机器或部件的工作原理、零件间的装配关系、连接方式及主要零件的结构特征。

(二)必要的尺寸

装配图应该注明机器或部件的安装、配合、性能规格尺寸和检验等所必需的尺寸。

(三)技术要求

装配图应在安装、配合、检验、调试等方面提出技术要求,以便机器或部件满足使用要求。

(四)序号、明细栏

装配图上的每个零件的视图都应按一定规律顺序编写。如按顺(或逆)时针方向、从左到右、从上到下等顺序依次编写序号。并在明细栏中按零件的序号由下到上填写出每个零件的名称、规格、数量、材料等参数。

(五)标题栏

装配图标题栏是说明机器或部件的图样名称、图样代号、绘图比例的,设有该图样设计、制图、审核、日期以及设计单位名称等栏目。装配图标题栏与零件图标题栏的区别为,前者是指机器或部件,后者是指单个零件。

二、装配图的规定画法

装配图是通过一组视图来表达机器或部件的装配关系和结构原理,与零件图相似,但与零件图不同。装配图主要表达机器或部件的装配关系,主要结构特征。零件图则是表达每一个零件的结构和技术要求。

(一)装配图常用规定画法

(1)装配图中相邻零件的接触表面和配合表面只画一条直线。不接触表面和非配合表面画两条线,即使间隙很小,也必须绘成两条线,如图9-3所示。

图9-3 零件接触面与配合面

(2)两个(或两个以上)零件邻接时,相邻零件的两组剖面线的倾斜方向应该相反或方向一致但间隔不同,相互位置明显错开。注意零件在同一组视图上的剖面线方向和间隔距离必须一致,如图9-4所示。

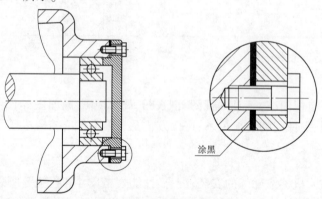

图9-4 相邻零件剖面线画法

(3)在剖视图、剖面图中,零件厚度≤2mm时,允许用涂黑代替剖面线,如图9-4所示。

(4)当剖切面通过标准件和实心件等零件轴线时,这些零件按不剖绘制,如轴、销、螺栓、螺母、垫片等,如图9-5所示。

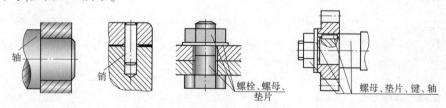

图9-5 剖切面不画剖面线

(二)装配图常用特殊画法

1. 零件拆卸画法

装配图上的某些零件,在某个视图上的位置和基本连接关系等已表达清楚时,为了避免遮盖其他零件,充分表达其他零件的投影,可在其他视图上按拆去这些零件后的投影去画,注明"拆去××等"。如图 9-6 所示,其俯视图可按拆去轴承盖后的投影去画。连接螺栓按剖切断面画,以表达轴承盖与轴承座的装配情况。装配体中沿盖、座结合面剖开的画法,零件的结合面不要画剖面线。

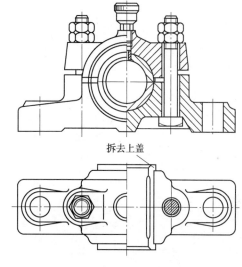

图 9-6 轴承座

2. 假想画法

(1)在装配图上为表示某些运动零件的运动范围及极限位置时,可用双点画线画出极限位置处的外形图,如图 9-7、图 9-8 所示。

(2)当需要表达装配体(部件)与相邻零部件间的装配关系时,可用双点画线画出相邻部件的轮廓线。如夹具机座、待加工零件如图 9-8 所示,连接机床主轴箱如图 9-9 所示。

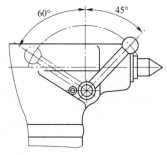

图 9-7 极限工作位置

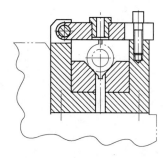

图 9-8 相邻零件装配关系

3. 展开画法

为了表示传动机构的传动路线和装配关系,可假想用剖切平面沿传动路线上各轴线顺序剖切,并依次展开在同一平面内,画出其剖视图,这种画法称为展开画法,如图 9-9 所示。

4. 夸大画法

装配图中薄垫片零件、小的间隙,可以采用夸大画法。

5. 简化画法

(1)装配图中若干相同的零件组,如螺栓、螺钉等,允许较详细地画出一处或几处,其余只要画出中心线位置即可,如图 9-10 所示。

(2)螺栓、螺母因倒角而产生的曲线也允许省略,如图 9-10 所示。

(3)装配图上零件的部分工艺结构,如倒角、圆角、退刀槽等允许不画,如图 9-10 所示。

(4)滚动轴承允许按简化方式绘制,如图 9-10 所示。

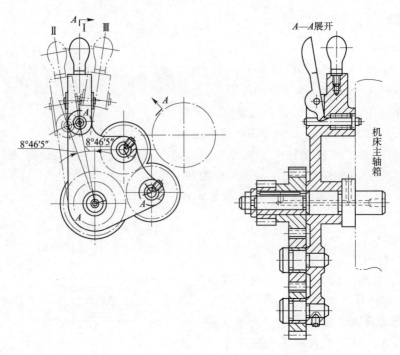

图9-9 轮系展开画法

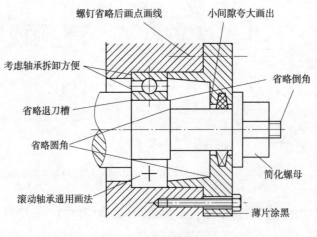

图9-10 装配图简化画法

三、常见装配结构

为了保证机器或零部件零件的性能,便于零部件的加工、装配及检测,满足加工工艺要求,对零部件提出一些基本工艺要求。

(一)加工工艺要求

在轴与孔配合时,轴肩根部应留退刀槽或越程槽,如图9-11所示。

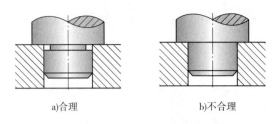

a) 合理   b) 不合理

图 9-11 轴与孔配合的结构

(二) 装配工艺要求

(1) 为避免干涉,同一方向,两个零件只能有一对接触表面,见表 9-1。

(2) 当两零件有一对相交表面接触时,应在接触面的转角处制成倒角,以保证零件表面接触良好,见表 9-1。

零件工艺结构　　　　　　　　　　　表 9-1

结构合理	结构不合理
	两平面干涉
	两同轴圆柱面干涉
接触面 不接触面	同向平面转角干涉
L_2、L_1	圆锥面与端面干涉
倒角	轴肩不能与孔端面接触

(3)预留安装空间位置。预留安装操作空间,如图9-12所示。预留安装空间位置,如图9-13所示。

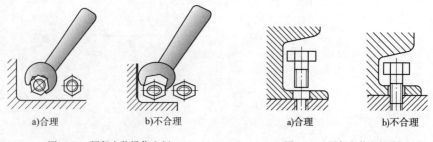

图9-12 预留安装操作空间　　　　图9-13 预留安装空间位置

四、装配图的尺寸标注

(一)装配图的尺寸标注意义

装配图主要表达零件、部件的装配关系。装配图的作用与零件图不同,所以在装配图中标注尺寸时,不必把制造零件时所有的尺寸都标注出来。一般只需要标注装配体(零、部件)的规格尺寸、装配尺寸、安装尺寸、外形尺寸和其他一些重要尺寸。

(二)装配图的尺寸标注

1. 规格、性能尺寸

规格、性能尺寸主要表达机器或部件规格大小或工作性能的尺寸。这些尺寸在设计(绘制装配图)时需要确定,是设计和选用零件的主要依据。如图9-14所示,齿轮泵装配图中 $\phi 18F7/f6$ 是轴径尺寸,即齿轮泵轴的规格尺寸。

2. 装配尺寸

装配尺寸是表达机器或部件中各零件间装配关系的尺寸。一般由配合尺寸和相对位置尺寸两部分组成。

(1)配合尺寸:装配图中零部件间有公差与配合要求的尺寸。如图9-14所示,18H7/f6,$\phi 18H7/h6$ 等。

(2)相对位置尺寸:装配图中各零部件间的装配是必须保证相对位置的尺寸。如图9-14所示,齿轮轴中心距尺寸 40 ± 0.02,高度尺寸65。

(3)连接尺寸:装配图上各零件间的装配连接尺寸。如螺纹 RC1/2 的尺寸等。

(4)装配时需加工的尺寸:为保证装配精度要求,一些零件需装配在一起后再进行加工,此时应注出加工尺寸。如,销孔"$2 \times \phi 5$ 配作"。

3. 安装尺寸

安装尺寸表示机器或部件安装到其他设备或基础上连接固定所需的尺寸。如底板的长、宽、孔距、孔径,如图9-14所示,螺孔中心距尺寸90。

4. 总体尺寸

表示装配体的总长、总宽、总高尺寸。如图9-14所示,图中尺寸160、120、120。

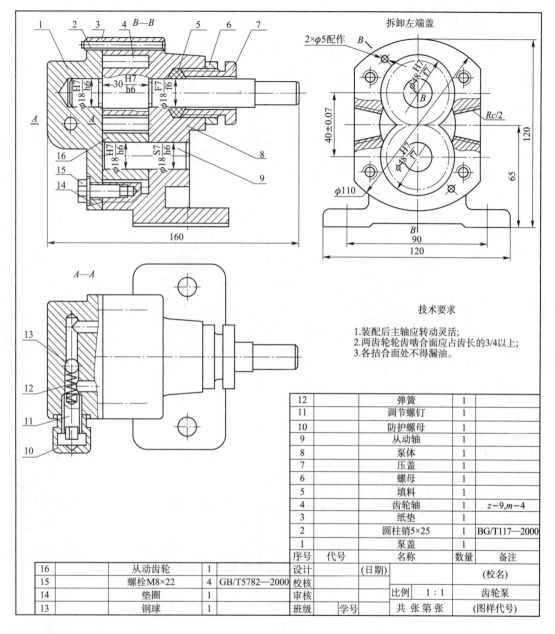

图9-14 齿轮泵装配图

5. 其他重要尺寸

根据装配体结构特点和需要,必须标注的尺寸。如运动零件的极限尺寸、重要零件间的定位尺寸等,如图9-7所示。

五、装配图上的零件序号、标题栏及明细栏

为了便于读图和图样管理,避免遗漏,装配图中所有的零件都必须编写序号,并在标题栏上方的明细栏中顺序列出。

(一)编排序号的方法

(1)装配图中所有的零、部件都必须编写序号,并与明细栏中序号一致。
(2)装配图中每个零、部件只编写一个序号。
(3)指引线、序号的通用表示法:

①零件的指引线应从零件的可见轮廓线内引出,并在指引线的末端(轮廓线内)画一个小圆点,在指引线的另一端画一水平线或圆。若所指部分很薄或剖面涂黑不宜画小圆点时,可在指引线末端画出箭头,指向该零件轮廓。指引线、水平线和圆均为细实线。在水平线上或圆内注写序号,也可直接写序号。序号字高比该装配图中所注尺寸数字高度大一号或两号,如图9-15所示。

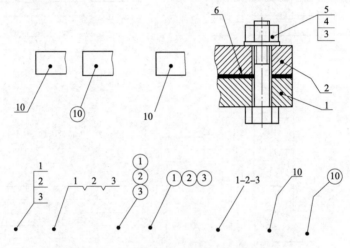

图9-15 指引线、末端、公共指引线标注及排序

②同一装配图中,一般序号编写的形式应一致。
③指引线相互不能相交、不能与剖面线平行。必要时可以画出折线,但只可转折一次,如图9-15所示。
④一组紧固件以及装配关系清楚的零件组,可以采用公共指引线,如图9-14所示。

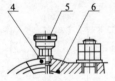

图9-16 标准化组件标注

⑤装配图中的标准化组件(如油杯、滚动轴承、电动机等)可作为一个整体,只编写一个序号,如图9-16所示。
⑥序号应按顺时针或逆时针方向顺次排列整齐。如在整个图上无法连续排列时,应尽量在每个水平或垂直方向顺次排列,如图9-16所示。

(二)标题栏、明细栏

1. 标题栏

装配图标题栏的组成:标准栏一般由更改区、签字区、其他区、名称及代号区组成。也可按实际需要增加或减少。

标题栏按《技术制图 标题栏》(GB/T 10609.1—2008)绘制,如图9-17所示,注意绘制标题栏时粗实线与细实线的应用。

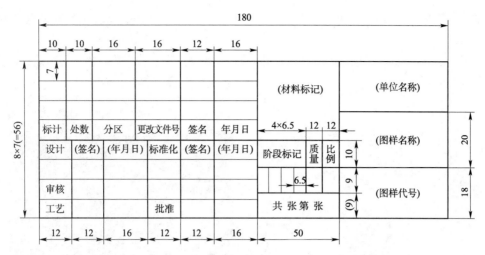

图 9-17　装配图标题栏

2. 明细栏

装配图明细栏,《技术制图　明细栏》(GB/T 10609.2—2009)规定,一般由序号、代号、名称、数量、材料、质量、备注等组成,也可按实际需要增加或减少。

明细栏一般配置在装配图的标题栏上方,如图 9-18 所示。左侧与标题栏对齐,由下而上顺序填写。当位置不够时,可紧靠标题栏另起一列,自下而上延续。当装配图中不能够在标题栏上方配置明细栏时,可作为装配图的续页按 A4 纸幅面单独给出,但其顺序应是由上而下延续。

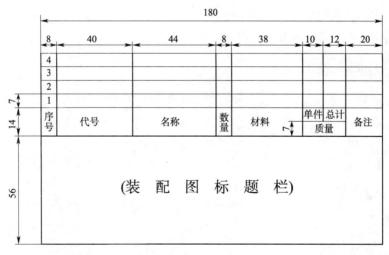

图 9-18　装配图明细栏总计

六、装配图的技术要求

装配图一般应该标注以下内容:

(1) 装配体装配后应该达到的技术要求。如图 9-2 所示,轴承座与瓦的接触面要求。

(2) 相互配合零部件间的配合要求,如图 9-13 $\phi 18H7/h6$ 所示。

(3) 装配体在装配过程中应该注意的事项及特殊加工要求。例如,有的表面需要装配后加工,有的孔需要将有关零件装配后配作等。如图 9-13 所示,泵体与泵盖定位销配作。

(4)相对运动的零件间,装配时接触面间应加润滑油(脂)。如图 9-19 所示,轴承装配时应在配合件表面涂一层润滑油,轴承无型号的一端应朝里,即靠轴肩方向。

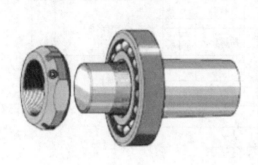

图 9-19　滚动轴承装配

(5)检验、调整方面的要求。如皮带轮张紧程度调整。
(6)连接部分的可靠性,重要紧固件装配力矩要求,特殊紧固件的防止松脱要求等。
(7)总装机器或部件的清洁要求。
(8)安装后机器或部件的传动、运转要求。
(9)对机器或部件的跑、冒、滴、漏的要求。
(10)机器或部件操作、使用和维护要求。

七、装配图的画法和步骤

装配图的绘制方法应该根据装配图的表达方案,选取适当的比例,并考虑尺寸标注、编注零件序号、书写技术要求画标题栏和明细栏,选定图幅,按绘图步骤绘制装配图。以轴承座为例,如图 9-20 所示。

(1)选定图幅、画出图框。根据机器或零件的大小,视图的配置情况,确定绘图的比例,选用适当的图幅。画出图框、预留标题栏和明细栏的位置。

(2)画出中心线、轴线、对称线及基准线。根据图纸幅面,布置视图位置。主视图占据主要位置,左视图、俯视图配置在基本视图位置,其他视图根据具体情况配置空余位置。视图布置应连同尺寸标注、零件序号、技术要求等要素一起考虑,整个视图应该配置均匀,间隔适当。按照视图布置画出个视图的主要基准线,如中心线、轴线、对称线和其他基准线,如图 9-21 所示。

图 9-20　轴承座

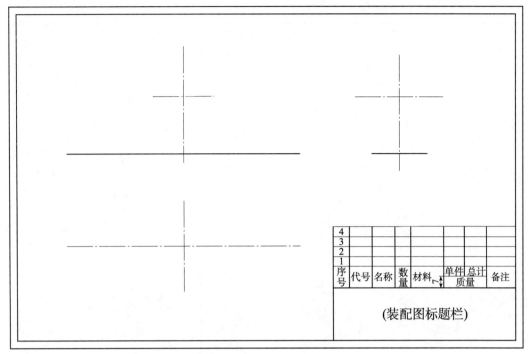

图 9-21　图框、中心线、对称线、基准线

(3) 画出机器或部件的主要结构。

① 先画下轴承座，如图 9-22 所示。

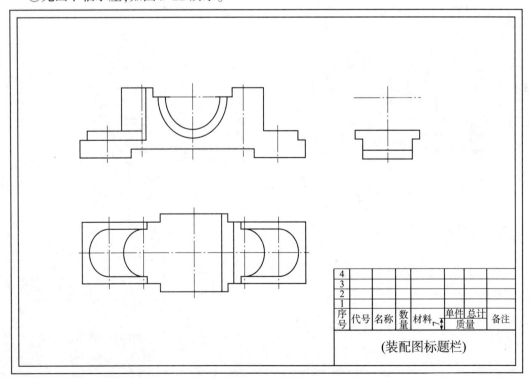

图 9-22　下轴承座

②画出轴承座下瓦，如图9-23所示。

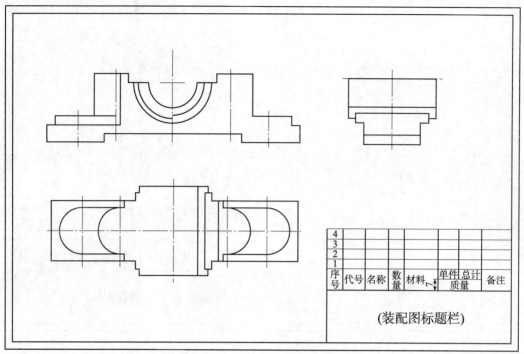

图9-23　轴承座及下瓦

③画出轴承座上瓦，如图9-24所示。

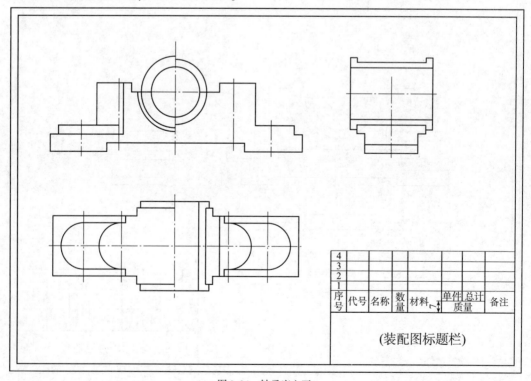

图9-24　轴承座上瓦

④画出轴承盖,如图9-25所示。

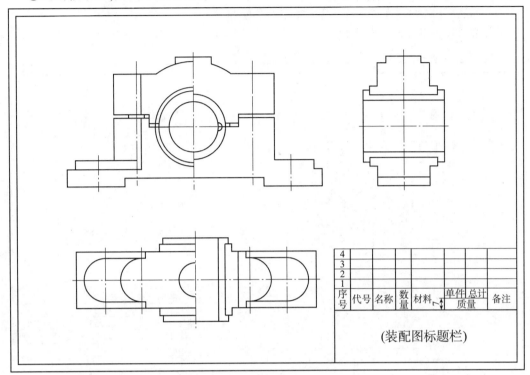

图9-25　轴承盖

(4)画出零部件的细节及连接件等,如图9-26所示。

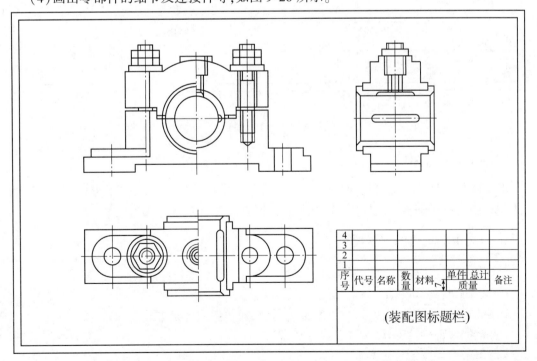

图9-26　轴承座细部结构

(5) 检查装配图的底稿,绘制标题栏、明细栏及加深视图。

(6) 标注尺寸,编写零件序号,填写标题栏和明细栏。

(7) 编写技术要求等,如图9-27所示。

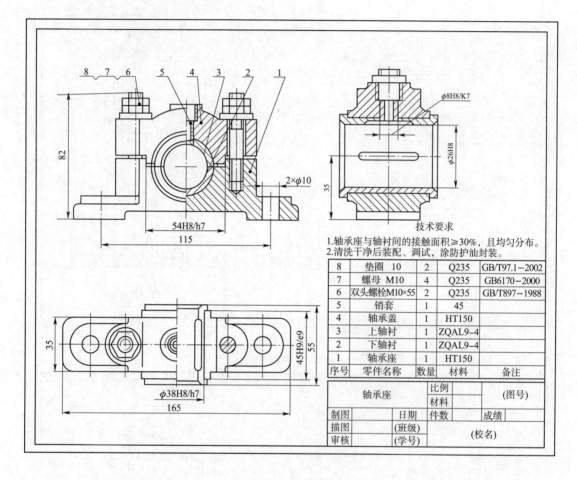

图9-27 轴承座

八、装配图的识读

装配图是设计、制造、安装、调试以及技术交流中常用的技术文件,工程技术人员和技术工人识读装配图是基本专业技能,需要进行专业练习,掌握基本方法和规律。

(一) 装配图识读的基本要求

装配图的识读应该注意以下几点:

(1) 了解机器或部件的名称、功能及工作原理。

(2) 搞清楚装配图中各零部件的装配关系、相对位置及连接方式。

(3) 掌握零部件的形状、材料及尺寸要求。

(4) 了解装配图的技术要求。

(二)装配图的识读步骤

一般读装配图识读可按以下几个步骤进行。

1. 概括性了解

(1)首先,查看标题栏、明细栏和有关资料,了解机器或部件的名称、用途和工作原理。如图9-27所示。装配体名称为轴承座,属于滑动轴承支座。用途为支撑与之配合的轴运转。

(2)对照装配图的零件序号,查看明细栏,了解零件名称、材料、数量和所在位置。

(3)了解装配图的表达方式。了解装配图的基本视图及各个视图投影关系,了解视图、剖视图、断面图等不同表达方式内容。

如图9-27所示,主视图采用半剖视图,左视图采用全剖视,俯视图采用一半拆除轴承盖的半剖视图。

2. 了解机器或部件工作原理

如图9-27所示,根据装配图中视图的表达关系,分析其装配体的结构和工作原理。图9-27反映出轴承座的装配关系和结构原理。轴承座与轴瓦相互配合,轴瓦上方有注油孔,润滑油经过油孔注入轴瓦,润滑相互配合的轴与轴瓦。轴承座可通过螺孔与支撑底板连接。

3. 零部件分析

根据零件的编号、投影视图、所采用的表达方法和内容以及投影关系,分析各零件的结构形状、尺寸和作用以及相关零件的配合、连接关系。可运用形体分析法和线面分析法结合零件结构仔细分析,逐步识读,搞懂。

主视图为径向对称的结构零件,采用半剖视图,反映轴承盖、轴瓦和轴承座之间的配合与连接关系,如图9-28所示。

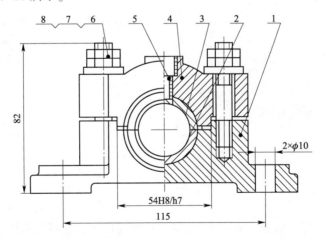

图9-28 轴承座主视图

左视图为全剖视图,从轴向反映轴瓦与轴承座、轴承盖的装配情况。如图9-29所示。通过全剖视图反映出轴承座前后轴向对称的零件对称结构和装配关系。

轴承座俯视图采用拆卸一半轴承盖的半剖投影方式,反映轴承座内外的结构。如图9-30所示。

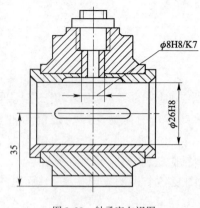

图9-29 轴承座左视图

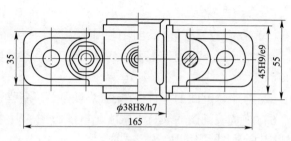

图9-30 轴承座俯视图

4．综合归纳、想象整体并验证

经分析研究后,进行综合归纳,想象出装配体的整体结构形状,并对想象的结构反过来验证其视图投影。在此基础上对装配体的运动情况、工作原理、装配关系等进一步确认。

模块小结

(一) 装配图的内容与作用

(1) 装配图是表达机器或部件的图样,主要表达机器或部件内零件之间的装配关系、结构原理、检验和调试等技术要求。

(2) 一般完整的装配图应包括以下一些内容:

① 一组视图。

② 必要的尺寸。

③ 技术要求。

④ 序号、明细栏。

⑤ 标题栏。

(二) 装配图的规定画法

(1) 装配图的常用规定画法。

(2) 装配图的常用特殊画法。

(三) 常见装配结构

(1) 加工工艺要求。在轴与孔配合时,轴肩根部应留退刀槽或越程槽。

(2) 装配工艺要求。

① 为避免干涉,同一方向,两个零件只能有一对接触表面。

② 当两零件有一对相交表面接触时,应在接触面的转角处制成倒角,以保证零件表面接触良好。

③ 预留安装空间位置。

(四)装配图的尺寸标注

(1)装配图的尺寸标注意义。反映零部件配合关系、装配关系。
(2)装配图的尺寸标注。
①规格、性能尺寸。
②装配尺寸。
③安装尺寸。
④总体尺寸。
⑤其他重要尺寸。

(五)装配图上的零件序号、明细栏及标题栏

为了便于读图和图样管理,避免遗漏,装配图中所有的零件都必须编写序号,并在标题栏上方的明细栏中顺序列出。

(1)编排序号的方法。
①装配图中所有的零、部件都必须编写序号。一个零件只编写一个序号并与明细栏中序号一致。序号应按顺时针或逆时针顺序排列。
②指引线。指引线相互不能相交、不能与剖面线平行。必要时可以画出折线,但只可转折一次。
(2)标题栏。标准栏一般由更改区、签字区、其他区、名称及代号区组成。
(3)明细栏。一般由序号、代号、名称、数量、材料、质量、备注等组成。

(六)装配图的技术要求

(1)装配体装配后应该达到的技术要求。
(2)相互配合零部件间的配合要求。
(3)装配体在装配过程中应该注意的事项及特殊加工要求。
(4)相对运动的零件间,装配时接触面间应加润滑油(脂)。
(5)检验、调整方面的要求。
(6)连接部分的可靠性,重要紧固件装配力矩要求,特殊紧固件的防止松脱要求等。
(7)总装机器或部件的清洁要求。
(8)安装后机器或部件的传动、运转要求。
(9)对机器或部件的跑、冒、滴、漏的要求。
(10)机器或部件操作、使用和维护要求。

(七)装配图的画法和步骤

(1)选定图幅、画出图框。
(2)画出中心线、轴线、对称线及基准线。
(3)画出机器或部件的主要结构。
(4)画出零部件的细节及连接件等。

(5)检查装配图的底稿,绘制标题栏、明细栏及加深视图。
(6)标注尺寸,编写零件序号,填写标题栏和明细栏。
(7)编写技术要求等。

(八)装配图的识读

1. 装配图识读的基本要求
(1)了解机器或部件的名称、功能及工作原理。
(2)搞清楚装配图中各零部件的装配关系、相对位置及连接方式。
(3)掌握零部件的形状、材料及尺寸要求。
(4)了解装配图的技术要求。

2. 装配图的识读步骤
(1)概括性了解。
(2)了解机器或部件工作原理。
(3)零部件分析。
(4)综合归纳、想象整体并验证。

思考与练习

(一)填空题

1. 装配图是表达机器或部件_____关系的图样。
2. 装配图中相邻零件的接触表面和配合表面_____直线,不接触表面和非配合表面_____条线。
3. 在装配图上为表示某些运动零件的运动范围及极限位置时,可用_____线画出极限位置处的外形图。
4. 轴与孔配合时,按机械加工工艺要求,轴肩根部应留退刀槽或_____。
5. 完整的装配图应包括一组视图、_____、技术要求、序号、明细栏和标题栏。

(二)判断题

1. 装配图中零件序号应按顺时针或逆时针方向顺次排列整齐。　　　　　　　(　)
2. 当剖切面通过标准件和实心件等零件轴线时,零件需绘制剖面线。　　　　(　)
3. 在装配图中标注尺寸时,必须把每个零件时所有的尺寸都标注清楚。　　　(　)
4. 在剖视图、剖面图中,零件厚度≤2mm 时,允许用涂黑代替剖面线。　　　(　)
5. 标注装配图中一组紧固件以及装配关系清楚的零件组序号时,可以采用公共指引线。
　　　　　　　　　　　　　　　　　　　　　　　　　　　　　　　　(　)

附录一 螺 纹

1. 普通螺纹（单位：mm）

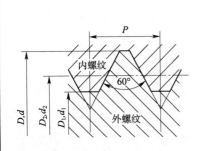

标记示例：（摘自 GB/T 193—2003，GB/T 196—2003）
M16
（公称直径为 16mm，螺距为 2mm 的粗牙右旋普通螺纹）
M12×1.25LH
（公称直径为 12mm，螺距为 1.25mm 的细牙左旋普通螺纹）

公称直径 D、d		螺距 P		粗牙小径 D_1、d_1	公称直径 D、d		螺距 P		粗牙小径 D_1、d_1
第一系列	第二系列	粗牙	细牙		第一系列	第二系列	粗牙	细牙	
3		0.5	0.35	2.459	22		2.5	2、1.5、1	19.294
	3.5	0.6		2.850	24		3	2、1.5、1	20.752
4		0.7	0.5	3.242		27	3	2、1.5、1	23.752
	4.5	0.75		3.688	30		3.5	(3)、2、1.5、1	26.211
5		0.8		4.134		33	3.5	(3)、2、1.5	29.211
6		1	0.75	4.917	36		4	3、2、1.5	31.670
8		1.25	1、0.75	6.647		39	4	3、2、1.5	34.670
10		1.5	1.25、1、0.75	8.376	42		4.5	4、3、2、1.5	37.129
12		1.75	1.25、1	10.106		45	4.5	4、3、2、1.5	40.129
	14	2	1.5、1.25、1	11.835	48		5	4、3、2、1.5	42.587
16		2	1.5、1	13.835		52	5	4、3、2、1.5	46.587
	18	2.5	2、1.5、1	15.294	56		5.5	4、3、2、1.5	50.046
20		2.5		17.294					

注：1. 优先选用第一系列，括号内尺寸尽可能不用。公称直径 D、d 第三系列未列入。
2. M14×1.25 仅用于火花塞。中径 D_2、d_2 未列入。

2. 管螺纹 (单位: mm)

用螺纹密封的管螺纹(摘自 GB/T 7306—2000)　　　非螺纹密封的管螺纹(摘自 GB/T 7307—2001)

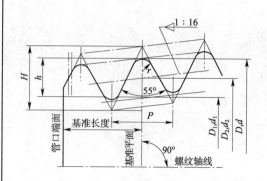
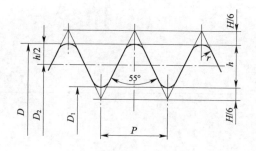

标记示例:　　　　　　　　　　　　　　　　　　　标记示例:
R1/4(尺寸代号 1/4,右旋圆锥外螺纹)　　　　　　G1/4-LH(尺寸代号 1/4,左旋内螺纹)
Rc1/4-LH(尺寸代号 1/4,左旋圆锥内螺纹)　　　　G3/4A(尺寸代号 3/4,A 级右旋外螺纹)
Rp1/2(尺寸代号 1/2,右旋圆柱内螺纹)　　　　　　G1/2-LH(尺寸代号 1/2,B 级左旋外螺纹)

尺寸代号	基面上的直径(GB/T 7306) 基本直径(GB/T 7307)			螺距 P (mm)	牙高 h (mm)	圆弧半径 r (mm)	每25.4mm 内的牙数 n	有效螺纹长度 (GB/T 7306) (mm)	基准的基本长度 (GB/T 7306) (mm)
	大径 $d=D$ (mm)	中径 $d_2=D_2$ (mm)	小径 $d_1=D_1$ (mm)						
1/16	7.723	7.142	6.561	0.907	0.581	0.125	28	6.5	4.0
1/8	9.728	9.147	8.566					6.5	4.0
1/4	13.157	12.301	11.445	1.337	0.856	0.184	19	9.7	6.0
3/8	16.662	15.806	14.950					10.1	6.4
1/2	20.955	19.793	18.631	1.814	1.162	0.249	14	13.2	8.2
3/4	26.441	25.279	24.117					14.5	9.5
1	33.249	31.770	30.291					16.8	10.4
$1^{1/4}$	41.910	40.431	38.952					19.1	12.7
$1^{1/2}$	47.803	46.324	44.845					19.1	12.7
2	59.614	58.135	56.656					23.4	15.9
$2^{1/2}$	75.184	73.705	72.226	2.309	1.479	0.317	11	26.7	17.5
3	87.884	86.405	84.926					29.8	20.6
4	113.030	111.551	110.072					35.8	25.4
5	138.430	136.951	135.472					40.1	28.6
6	163.830	162.351	160.872					40.1	28.6

3. 梯形螺纹（单位：mm）

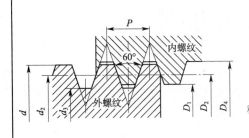

标记示例：（摘自 GB/T 5796.1—2005，GB/T 5796.4—2005）
Tr24×5（公称直径为24螺距为5的单线、右旋梯形螺纹）
Tr60×18(P9)LH-8e-L（双线梯形外螺纹、公称直径 d =60、导程 S =18、螺距 P =9、左旋、中径公差为8e、长旋合长度）

梯形螺纹的基本尺寸

d 公称系列		螺距 P	中径 $d_2=D_2$	大径 D_4	小径		d 公称系列		螺距 P	中径 $d_2=D_2$	大径 D_4	小径	
第一系列	第二系列				d_3	D_1	第一系列	第二系列				d_3	D_1
8	—	1.5	7.25	8.3	6.2	6.5	32	—	6	29.0	33	25	26
—	9	2	8.0	9.5	6.5	7	—	34		31.0	35	27	28
10	—		9.0	10.5	7.5	8	36	—		33.0	37	29	30
—	11		10.0	11.5	8.5	9	—	38		34.5	39	30	31
12	—	3	10.5	12.5	8.5	9	40	—	7	36.5	41	32	33
—	14		12.5	14.5	10.5	11	—	42		38.5	43	34	35
16	—		14.0	16.5	11.5	12	44	—		40.5	45	36	37
—	18	4	16.0	18.5	13.5	14	—	46		42.0	47	37	38
20	—		18.0	20.5	15.5	16	48	—	8	44.0	49	39	40
—	22		19.5	22.5	16.5	17	—	50		46.0	51	41	42
24	—	5	21.5	24.5	18.5	19	52	—		48.0	53	43	44
—	26		23.5	26.5	20.5	21	—	55	9	50.5	56	45	46
28	—		25.5	28.5	22.5	23	60	—		55.5	61	50	51
—	30	6	27.0	31.0	23.0	24	—	65	10	60.0	65	54	55

注：1. 优先选用第一系列的直径。
2. 表中所列螺距和直径，是优先选择的螺距及与之对应的直径。

附录二　常用标准件

1. 六角螺栓(单位:mm)

六角头螺栓-C 级(摘自 GB/T 5780—2016)

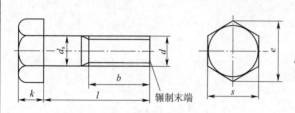

标记示例:螺栓 GB/T 5780　M20×80(螺纹规格 d = M20、公称长度 l = 80、性能等级为 4.8 级、不经表面处理、杆身半螺纹、C 级六角头螺栓)

六角头螺栓-全螺纹-C 级(摘自 GB/T 5781—2016)

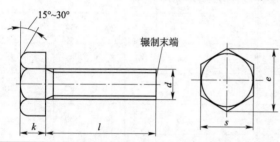

标记示例:螺栓:GB/T 5781　M12×60(螺纹规格 d = M12、公称长度 l = 60、性能等级为 4.8 级、不经表面处理、全螺纹、C 级六角头螺栓)

螺纹规格 d		M5	M6	M8	M10	M12	M16	M20	M24	M30	M36	M42	M48
b 参考	$l \leq 125$	16	18	22	26	30	38	40	54	66	78	—	—
	$125 < l \leq 200$	—	—	28	32	36	44	52	60	72	84	96	108
	$l > 200$						57	65	73	85	97	109	121
k 公称		3.5	4.0	5.3	6.4	7.5	10	12.5	15	18.7	22.5	26	30
s_{max}		8	10	13	16	18	24	30	36	46	55	65	75
e_{max}		8.63	10.9	14.2	17.6	19.9	26.2	33.0	39.6	50.9	60.8	72.0	82.6
d_{max}		5.48	6.48	8.58	10.6	12.7	16.7	20.8	24.8	30.8	37.0	45.0	49.0
l 范围	GB/T 5780—1986	25~50	30~60	35~80	40~100	45~120	55~160	65~200	80~240	90~300	110~300	160~420	180~480
	GB/T 5781—1986	10~40	12~50	16~65	20~80	25~100	35~100	40~100	50~100	60~100	70~100	80~420	90~480
l 系列		10、12、16、20~50(5 进位)、(55)、60、(65)、70~160。(10 进位)、180、220~500(20 进位)											

注:1. 括号内的规格尽可能不用,末端按 GB/T 2—2016 规定。
　　2. 螺纹公差:8g(GB/T 5780),6g(GB/T 5871)。力学性能等级:$d \leq 39$ 时,3.6、4.6、4.8 级;$d > 39$ 时,按协议。

2. 双头螺柱（单位：mm）

双头螺柱（摘自 GB/T 897~900—1988）

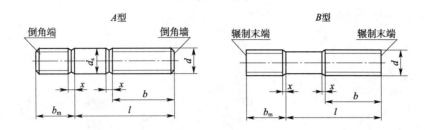

标记示例：

螺柱 GB/T 897　M12×60

两端均为粗牙普通螺纹，$d=12$、$l=60$、性能等级为 4.8 级、不经表面处理、B 型、$b_m=1d$ 的双头螺柱。

螺柱 GB/T 897　AM12–M12×1.25×60

（旋入机件一端为粗牙普通螺纹，旋螺母一端为螺距 $P=1.25$ 细牙普通螺纹、$d=12$、$l=50$、性能等级为 4.8 级、不经表面处理、A 型 $b_m=1d$ 的双头螺柱）

螺纹规格		M4	M5	M6	M8	M10	M12	M16	M20	M24	M30	M36	M42	M48
b_m	GB 897—1988	—	5	6	8	10	12	16	20	24	30	36	42	48
	GB 898—1988	—	6	8	10	12	15	20	25	30	38	45	52	60
	GB 899—1988	6	8	10	12	15	18	24	30	36	45	54	65	72
	GB 900—1988	8	10	12	16	20	24	32	40	48	60	72	84	96
d_s		4	5	6	8	10	12	16	20	24	30	36	42	48
x							1.5P							
$\dfrac{l}{b}$		$\dfrac{16\sim22}{8}$	$\dfrac{16\sim22}{10}$	$\dfrac{20\sim22}{10}$	$\dfrac{22\sim22}{12}$	$\dfrac{25\sim28}{14}$	$\dfrac{25\sim30}{16}$	$\dfrac{30\sim38}{20}$	$\dfrac{35\sim40}{25}$	$\dfrac{45\sim50}{30}$	$\dfrac{60\sim65}{45}$	$\dfrac{65\sim75}{45}$	$\dfrac{70\sim80}{50}$	$\dfrac{80\sim90}{60}$
		$\dfrac{25\sim40}{14}$	$\dfrac{25\sim50}{16}$	$\dfrac{25\sim30}{14}$	$\dfrac{25\sim30}{16}$	$\dfrac{30\sim38}{16}$	$\dfrac{32\sim40}{20}$	$\dfrac{40\sim55}{30}$	$\dfrac{45\sim65}{35}$	$\dfrac{55\sim75}{45}$	$\dfrac{70\sim95}{50}$	$\dfrac{80\sim110}{60}$	$\dfrac{85\sim110}{70}$	$\dfrac{95\sim110}{80}$
				$\dfrac{32\sim75}{18}$	$\dfrac{32\sim75}{18}$	$\dfrac{40\sim120}{26}$	$\dfrac{45\sim120}{30}$	$\dfrac{60\sim120}{38}$	$\dfrac{70\sim120}{46}$	$\dfrac{80\sim120}{54}$	$\dfrac{95\sim120}{60}$	$\dfrac{120}{78}$	$\dfrac{120}{90}$	$\dfrac{120}{102}$
						$\dfrac{130}{32}$	$\dfrac{130\sim180}{36}$	$\dfrac{130\sim200}{44}$	$\dfrac{130\sim200}{52}$	$\dfrac{130\sim200}{60}$	$\dfrac{130\sim180}{72}$	$\dfrac{130\sim200}{84}$	$\dfrac{130\sim200}{96}$	$\dfrac{130\sim200}{108}$
											$\dfrac{210\sim250}{85}$	$\dfrac{210\sim300}{97}$	$\dfrac{210\sim300}{109}$	$\dfrac{210\sim300}{121}$
l 系列		16,(18),20,(22),25,(28),30,(32),35,(38),40,45,50,(55),60,(65),70,(75),80,(85),90,(95),100,110,120,130,140,150,160,170,180,200,210,220,230,240,250,260,280,300												

注：P 是粗牙螺纹的螺距。

3. 六角螺母(单位:mm)

I型六角螺母

I级六角螺母-C级(摘自 GB/T41—2000),I型六角螺母-A 和 B 级(摘自 GB/T 6170—2000),I 型六角螺母-细牙-A 和 B 级(摘自 GB/T6171—2000)。

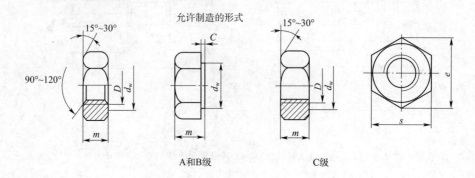

A和B级　　　　C级

标记示例:螺母　GB/T 41　M10(螺纹规格　D = M10、性能等级为 5 级、不经表面处理、C 级的 I 型六角螺母)
　　　　螺母　GB/T 6171　M20×2(螺纹规格　D = M20、螺距 P = 2、性能等级为 10 级、不经表面处理、B 级的 I 型细牙六角螺母)

螺纹规格	D	M4	M5	M6	M8	M10	M12	M16	M20	M24	M30	M36	M42	M48
	$D×P$	—	—	—	M8×1	M10×1	M12×1.5	M16×1.5	M20×2	M24×2	M30×2	M36×3	M42×3	M48×3
c		0.4	0.5		0.6				0.8				1	
s_{max}		7	8	10	13	16	18	24	30	36	46	55	65	75
e_{min}	A、B级	7.66	8.79	11.05	14.39	17.77	20.03	26.75	32.95	39.95	50.85	60.79	72.02	82.6
	C级	—	8.63	10.89	14.2	17.59	19.85	26.17						
m_{max}	A、B级	3.2	4.7	5.2	6.8	8.4	10.8	14.8	18	21.5	25.6	31	34	38
	C级	—	5.6	6.1	7.9	9.5	12.2	15.9	18.7	22.3	26.4	31.5	34.9	38.9
d_{wmin}	A、B级	5.9	6.9	8.9	11.6	14.6	16.6	22.5	27.7	33.2	42.7	51.1	60.6	69.4
	C级	—	6.9	8.7	11.5	14.5	16.5	22						

注:1. P 螺距。
　　2. A 级用于 D≤16 的螺母;B 级用于 D>16 的螺母;C 级用于 D≥5 的螺母。
　　3. 螺纹公差:A、B 级为 6H,C 级为 7H。力学性能等级:A、B 级为 6、8、10 级,C 级为 4、5。

4. 垫圈(单位:mm)

垫圈
平垫圈-A级(摘自 GB/T 97.1—2002),平垫圈-C级(摘自 GB/T 95—2002)
平垫圈 倒角型-A级(摘自 GB/T 97.2—2002),标准型弹簧垫圈(摘自 GB/T 93—1987)

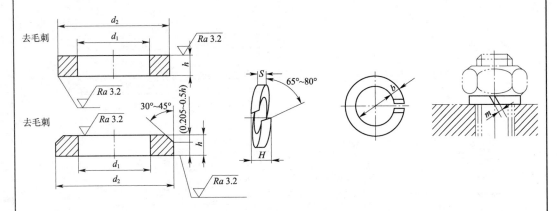

标记示例:垫圈 GB/T 95—2016 10-100HV (标准系列、公称尺寸 d = 10、性能等级为 100HV 级、不经表面处理的平垫圈);垫圈 GB/T 93—1987 12 (规格12、材料为65Mn、表面氧化的标准型弹簧垫圈)

公称尺寸 d (螺纹规格)		4	5	6	8	10	12	14	16	20	24	30	36	42	48
GB/T 97.1—2002 (A 级)	d_1	4.3	5.3	6.4	8.4	10.5	13.0	15	17	21	25	31	37	—	—
	d_2	9	10	12	16	20	24	28	30	37	44	56	66	—	—
	h	0.8	1	1.6	1.6	2	2.5	2.5	3	3	4	4	5	—	—
GB/T 97.2—2002 (A 级)	d_1	—	5.3	6.4	8.4	10.5	13	15	17	21	25	31	37	—	—
	d_2	—	10	12	16	20	24	28	30	37	44	56	66	—	—
	h	—	1	1.6	1.6	2	2.5	2.5	3	3	4	4	5	—	—
GB/T 95—2002 (C 级)	d_1	—	5.5	6.6	9	11	13.5	15.5	17.5	22	26	33	39	45	52
	d_2	—	10	12	16	20	24	28	30	37	44	56	66	78	92
	h	—	1	1.6	1.6	2	2.5	2.5	3	3	4	4	5	8	8
GB/T 93—2002	d_1	4.1	5.1	6.1	8.1	10.2	12.2	—	16.2	20.2	24.5	30.5	36.5	42.5	48.5
	$s = b$	1.1	1.3	1.6	2.1	2.6	3.1	—	4.1	5	6	7.5	9	10.5	12
	H	2.8	3.3	4	5.3	6.5	7.8	—	10.3	12.5	15	18.6	22.5	26.3	30

注:1. A 级适用于精装配系列,C 级适用于中等装配系列。
2. C 级垫圈没有 $Ra3.2$ 和去毛刺的要求。

5. 平键（单位：mm）

平键及键槽各部尺寸（摘自 GB/T 1095～1096—2003）

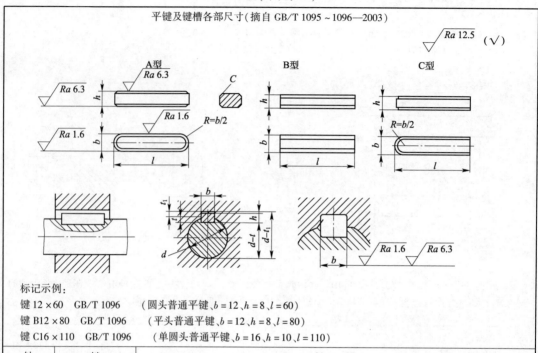

标记示例：

键 12×60　　GB/T 1096　　（圆头普通平键、$b=12$、$h=8$、$l=60$）

键 B12×80　　GB/T 1096　　（平头普通平键、$b=12$、$h=8$、$l=80$）

键 C16×110　GB/T 1096　　（单圆头普通平键、$b=16$、$h=10$、$l=110$）

轴	键		键槽										
			宽度 b					深度				半径 r	
公称直径 d	公称尺寸 $b×h$	长度 l	公称尺寸 b	极限偏差				轴 t		毂 t_1			
				较松键连接	一般键连接		较紧键连接						
				轴 H9	毂 D10	轴 N9	毂 JS9	轴和毂 P9	公称	偏差	公称	偏差	最大	最小
>10～12	4×4	8～45	4	+0.030　0	+0.078　+0.030	0　−0.030	±0.015	−0.012　−0.042	2.5	+0.1　0	1.8	+0.1　0	+0.08	0.16
>12～17	5×5	10～56	5						3.0		2.3			
>17～22	6×6	14～70	6						3.5		2.8		0.16	0.25
>22～30	8×7	18～90	8	+0.036　0	+0.098　+0.040	0　−0.036	±0.018	−0.015　−0.051	4.0		3.3			
>30～38	10×8	22～110	10						5.0		3.3			
>38～44	12×8	28～140	12						5.0		3.3			
>44～50	14×9	36～160	14	+0.043　0	+0.120　+0.050	0　−0.043	±0.022	−0.018　−0.061	5.5		3.8		0.25	0.40
50～58	16×10	45～180	16						6.0	+0.2　0	4.3	+0.2　0		
>58～65	18×11	50～200	18						7.0		4.4			
>65～75	20×12	56～200	20						7.5		4.9			
>75～85	22×14	63～250	22	+0.052　0	+0.149　+0.065	0　−0.052	±0.026	−0.022　−0.074	9.0		5.4		0.40	0.60
>85～95	25×14	70～280	25						9.0		5.4			
>95～110	28×16	80～320	28						10		6.4			
l 系列	6～2（2 进位）、25、28、32、36、40、45、50、56、63、70、80、90、100、110、125、140、160、180、200、220、250、280、320、360、400、450、500													

注：1.（$d-t$）和（$d+t_1$）两组组合尺寸的极限偏差按相应的 t 和 t_1 的极限偏差选取，但（$d-t$）极限偏差应取负号（−）。

2.键 b 的极限偏差为 h9，键 h 的极限偏差为 h11，键长 l 的极限偏差为 h14。

6. 滚动轴承（单位：mm）

深沟球轴承
（摘自 GB/T 276—2013）

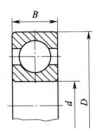

圆锥滚子轴承
（摘自 GB/T 297—2015）

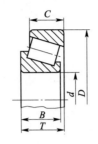

单向推力轴承
（摘自 GB/T 301—2015）

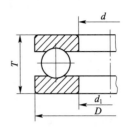

标记示例：

滚动轴承 6310 GB/T 276　　　　滚动轴承 30212 GB/T 297　　　　滚动轴承 51305 GB/T 301

轴承型号	尺寸(mm)			轴承型号	尺寸(mm)					轴承型号	尺寸(mm)			
	d	D	B		d	D	B	C	T		d	D	T	d_1
尺寸系列〔(0)2〕				尺寸系列〔02〕						尺寸系列〔12〕				
6202	15	35	11	30203	17	40	12	11	13.25	51202	15	32	12	17
6203	17	40	12	30204	20	47	14	12	15.25	51203	17	35	12	19
6204	20	47	14	30205	25	52	15	13	16.25	51204	20	40	14	22
6205	25	52	15	30206	30	62	16	14	17.25	51205	25	47	15	27
6206	30	62	16	30207	35	72	17	15	18.25	51206	30	52	16	32
6207	35	72	17	30208	40	80	18	16	19.75	51207	35	62	18	37
6208	40	80	18	30209	45	85	19	16	20.75	51208	40	68	19	42
6209	45	85	19	30210	50	90	20	17	21.75	51209	45	73	20	47
6210	50	90	20	30211	55	100	21	18	22.75	51210	50	78	22	52
6211	55	100	21	30212	60	110	22	19	23.75	51211	55	90	25	57
6212	60	110	22	30213	65	120	23	20	24.75	51212	60	95	26	62
尺寸系列〔(0)3〕				尺寸系列〔03〕						尺寸系列〔13〕				
6302	15	42	13	30302	15	42	13	11	14.25	51304	20	47	18	22
6303	17	47	14	30303	17	47	14	12	15.25	51305	25	52	18	27
6304	20	52	15	30304	20	52	15	13	16.25	51306	30	60	21	32
6305	25	62	17	30305	25	62	17	15	18.25	51307	35	68	24	37
6306	30	72	19	30306	30	72	19	16	20.75	51308	40	78	26	42
6307	35	80	21	30307	35	80	21	18	22.75	51309	45	85	28	47
6308	40	90	23	30308	40	90	23	20	25.25	51310	50	95	31	52
6309	45	100	25	30309	45	100	25	22	27.25	51311	55	105	35	57
6310	50	110	27	30310	50	110	27	23	29.25	51312	60	110	35	62
6311	55	120	29	30311	55	120	29	25	31.50	51313	65	115	36	67
6312	60	130	31	30312	60	130	31	26	33.50	51314		125	40	72
尺寸系列〔(0)4〕				尺寸系列〔13〕						尺寸系列〔14〕				
6403	17	62	17	31305	25	62	17	13	18.25	51405	25	60	24	27
6404	20	72	19	31306	30	72	19	14	20.75	51406	30	70	28	32
6405	25	80	21	31307	35	80	21	15	22.75	51407	35	80	32	37
6406	30	90	23	31308	40	90	23	17	25.25	51408	40	90	36	42
6407	35	100	25	31309	45	100	25	18	27.25	51409	45	100	39	47
6408	40	110	27	31310	50	110	27	19	29.25	51410	50	110	43	52
6409	45	120	29	31311	55	120	29	21	31.50	51411	55	120	48	57
6410	50	130	31	31312	60	130	31	22	33.50	51412	60	130	51	62
6411	55	140	33	31313	65	140	33	23	36.00	51413	65	140	56	68
6412	60	150	35	31314	70	150	35	25	38.00	51414	70	150	60	73
6413	65	160	37	31315	75	160	37	26	40.00	51415	75	160	65	78

注：圆括号中的尺寸系列代号在轴承型号中省略。

附录三 公差与配合

1. 标准公差

标准公差数值（摘自 GB/T 1800.2—2009）
（公称尺寸小于500mm 的标准公差。单位：μm）

公称尺寸(mm)	公差等级																		
	IT01	IT0	IT1	IT2	IT3	IT4	IT5	IT6	IT7	IT8	IT9	IT10	IT11	IT12	IT13	IT14	IT15	IT16	IT17	IT18
≤3	0.3	0.5	0.8	1.2	2	3	4	6	10	14	25	40	60	100	140	250	400	600	1000	1400
>3~6	0.4	0.6	1	1.5	2.5	4	5	8	12	18	30	48	75	120	180	300	480	750	1200	1800
>6~10	0.4	0.6	1	1.5	2.5	4	6	9	15	22	36	58	90	150	220	360	580	900	1500	2200
>10~18	0.5	0.8	1.2	2	3	5	8	11	18	27	43	70	110	180	270	430	700	1100	1800	2700
>18~30	0.6	1	1.5	2.5	4	6	9	13	21	33	52	84	130	210	330	520	840	1300	2100	3300
>30~50	0.7	1	1.5	2.5	4	7	11	16	25	39	62	100	160	250	390	620	1000	1600	2500	3900
>50~80	0.8	1.2	2	3	5	8	13	19	30	46	74	120	190	300	460	740	1200	1900	3000	4600
>80~120	1	1.5	2.5	4	6	10	15	22	35	54	87	140	220	350	540	870	1400	2200	3500	5400
>120~180	1.2	2	3.5	5	8	12	18	25	40	63	100	160	250	400	630	1000	1600	2500	4000	6300
>180~250	2	3	4.5	7	10	14	20	29	46	72	115	185	290	460	720	1150	1850	2900	4600	7200
>250~315	2.5	4	6	8	12	16	23	32	52	81	130	210	320	520	810	1300	2100	3200	5200	8100
>315~400	3	5	7	9	13	18	25	36	57	89	140	230	360	570	890	1400	2300	3600	5700	8900
>400~500	4	6	8	10	15	20	27	40	68	97	155	250	400	630	970	1550	2500	4000	6300	9700

2. 极限偏差（单位：μm）

公称尺寸(mm)		轴的极限偏差(摘自 GB/T 1800.2—2009) 常用公差带											
		a	b		c			d				e		
大于	至	11	11	12	9	10	11	8	9	10	11	7	8	9
—	3	-270 -330	-140 -200	-140 -240	-60 -85	-60 -100	-60 -120	-20 -34	-20 -45	-20 -60	-20 -80	-14 -24	-14 -28	-14 -39
3	6	-270 -345	-140 -215	-140 -260	-70 -100	-70 -118	-70 -145	-30 -48	-30 -60	-30 -78	-30 -105	-20 -32	-20 -38	-20 -50
6	10	-280 -370	-150 -240	-150 -300	-80 -116	-80 -138	-80 -170	-40 -62	-40 -76	-40 -98	-40 -130	-25 -40	-25 -47	-25 -61
10	14	-290 -400	-150 -260	-150 -330	-95 -138	-95 -165	-95 -205	-50 -77	-50 -93	-50 -120	-50 -160	-32 -50	-32 -59	-32 -75
14	18													
18	24	-300 -430	-160 -290	-160 -370	-110 -162	-110 -194	-110 -240	-65 -98	-65 -117	-65 -140	-65 -195	-40 -61	-40 -73	-40 -92
24	30													
30	40	-310 -470	-170 -330	-170 -420	-120 -182	-120 -220	-120 -280	-80 -119	-80 -142	-80 -180	-80 -240	-50 -75	-50 -89	-50 -112
40	50	-320 -480	-180 -340	-180 -430	-130 -192	-130 -230	-130 -290							
50	65	-340 -530	-190 -380	-190 -490	-140 -214	-140 -260	-140 -330	-100 -146	-100 -174	-100 -220	-100 -290	-60 -90	-60 -106	-60 -132
65	80	-360 -550	-200 -390	-200 -500	-150 -224	-150 -270	-150 -340							
80	100	-380 -600	-220 -440	-220 -570	-170 -257	-170 -310	-170 -390	-120 -174	-120 -207	-120 -260	-120 -340	-72 -107	-72 -126	-72 -159
100	120	-410 -630	-240 -460	-240 -590	-180 -267	-180 -320	-180 -400							
120	140	-460 -710	-260 -510	-260 -660	-200 -300	-200 -360	-200 -460	-145 -208	-145 -245	-145 -305	-145 -395	-85 -125	-85 -148	-85 -185
140	160	-520 -770	-280 -530	-280 -680	-210 -310	-210 -370	-210 -460							
160	180	-580 -830	-310 -560	-310 -710	-230 -330	-230 -390	-230 -480							
180	200	-660 -950	-340 -630	-340 -800	-240 -355	-240 -425	-240 -530	-170 -242	-170 -285	-170 -355	-170 -460	-100 -146	-100 -172	-100 -215
200	225	-740 -1030	-380 -670	-380 -840	-260 -375	-260 -445	-260 -550							
225	250	-820 -1110	-420 -710	-420 -880	-280 -395	-280 -465	-280 -570							

续上表

公称尺寸(mm)		常用公差带											
		a	b		c			d				e	
大于	至	11	11	12	9	10	11	8	9	10	11	7	8	9
250	280	-920 -1240	-480 -800	-480 -1000	-300 -430	-300 -510	-300 -620	-190 -271	-190 -320	-190 400	-190 510	-110 -162	-110 -191	-110 -240
280	315	-1050 -1370	-540 -860	-540 -1060	-330 -460	-330 -540	-330 -650							
315	355	-1200 -1560	-600 -960	-600 -1170	-360 -500	-360 -590	-360 -720	-210 -299	-210 -350	-210 -440	-210 -570	-125 -182	-125 -214	-125 -265
355	400	-1350 -1710	-680 -1040	-680 -1250	-400 -540	-400 -630	-400 -760							

公称尺寸(mm)		常用公差带												
		f					g			h				
大于	至	5	6	7	8	9	5	6	7	5	6	7	8	9	10	11	12
—	3	-6 -10	-6 -12	-6 -16	-6 -20	-6 -31	-2 -6	-2 -8	-2 -12	0 -4	0 -6	0 -10	0 -14	0 -25	0 -40	0 -60	0 -100
3	6	-10 -15	-10 -18	-10 -22	-10 -28	-10 -40	-4 -9	-4 -12	-4 -16	0 -5	0 -8	0 -12	0 -18	0 -30	0 -48	0 -75	0 -120
6	10	-13 -19	-13 -22	-13 -28	-13 -35	-13 -49	-5 -11	-5 -14	-5 -20	0 -6	0 -9	0 -15	0 -22	0 -36	0 -58	0 -90	0 -150
10	14	-16 -24	-16 -27	-16 -34	-16 -43	-16 -59	-6 -14	-6 -17	-6 -24	0 -8	0 -11	0 -18	0 -27	0 -43	0 -70	0 -110	0 -180
14	18																
18	24	-20 -29	-20 -33	-20 -41	-20 -53	-20 -72	-7 -16	-7 -20	-7 -28	0 -9	0 -13	0 -21	0 -33	0 -52	0 -84	0 -130	0 -210
24	30																
30	40	-25 -36	-25 -41	-25 -50	-25 -64	-25 -87	-9 -20	-9 -25	-9 -34	0 -11	0 -16	0 -25	0 -39	0 -62	0 -100	0 -160	0 -250
40	50																
50	65	-30 -43	-30 -49	-30 -60	-30 -76	-30 -104	-10<>-23	-10 -29	-10 -40	0 -13	0 -19	0 -30	0 -46	0 -74	0 -120	0 -190	0 -300
65	80																
80	100	-36 -51	-36 -58	-36 -71	-36 -90	-36 -123	-12 -27	-12 -34	-12 -47	0 -15	0 -22	0 -35	0 -54	0 -87	0 -140	0 -220	0 -350
100	120																
120	140	-43 -61	-43 -68	-43 -83	-43 -106	-43 -143	-14 -32	-14 -39	-14 -54	0 -18	0 -25	0 -40	0 -63	0 -100	0 -160	0 -250	0 -400
140	160																
160	180																
180	200	-50 -70	-50 -79	-50 -96	-50 -122	50 -165	-15 -35	-15 -44	-15 -61	0 -20	0 -29	0 -46	0 -72	0 -115	0 -185	0 -290	0 -460
200	225																
225	250																

续上表

公称尺寸(mm)		常用公差带													
		f					g			h					
大于	至	5	6	7	8	9	5	6	7	5	6	7	8	9	10	11	12
250	280	−56	−56	−56	−56	−56	−17	−17	−17	0	0	0	0	0	0	0	0
280	315	−79	−88	−108	−137	−186	−40	−49	−69	−23	−32	−52	−81	−130	−210	−320	−520
315	355	−62	−62	−62	−62	−62	−18	−18	−18	0	0	0	0	0	0	0	0
355	400	−87	−98	−119	−151	−202	−43	−54	−75	−25	−36	−57	−89	−140	−230	−360	−570

公称尺寸(mm)		常用公差带													
		js			k			m			n			p		
大于	至	5	6	7	5	6	7	5	6	7	5	6	7	5	6	7
—	3	±2	±3	±5	+4 / 0	+6 / 0	+10 / 0	+6 / +2	+8 / +2	+12 / +2	+8 / +4	+10 / +4	+14 / +4	+10 / +6	+12 / +6	+16 / +6
3	6	±2.5	±4	±6	+6 / +1	+9 / +1	+13 / +1	+9 / +4	+12 / +4	+16 / +4	+13 / +8	+16 / +8	+20 / +8	+17 / +12	+20 / +12	+24 / +12
6	10	±3	±4.5	±7	+7 / +1	+10 / +1	+16 / +1	+12 / +6	+15 / +6	+21 / +6	+16 / +10	+19 / +10	+25 / +10	+21 / +15	+24 / +15	+30 / +15
10	14	±4	±5.5	±9	+9 / +1	+12 / +1	+19 / +1	+15 / +7	+18 / +7	+25 / +7	+20 / +12	+23 / +12	+30 / +12	+26 / +18	+29 / +18	+36 / +18
14	18															
18	24	±4.5	±6.5	±1	+11 / +2	+15 / +2	+23 / +2	+17 / +8	+21 / +8	+29 / +8	+24 / +15	+28 / +13	+36 / +15	+31 / +22	+35 / +22	+43 / +22
24	30															
30	40	±5.5	±8	±012	+13 / +2	+18 / +2	+27 / +2	+20 / +9	+25 / +9	+34 / +9	+28 / +17	+33 / +17	+42 / +17	+37 / +26	+42 / +26	+51 / +26
40	50															
50	65	±6.5	±9.5	±185	+15 / +2	21 / +2	+32 / +2	+24 / +11	+30 / +11	+41 / +11	+33 / +20	+39 / +20	+50 / +20	+45 / +32	+51 / +32	+62 / +32
65	80															
80	100	±7.5	±11	±17	+18 / +3	+25 / +3	+38 / +3	+28 / +13	+35 / +13	+48 / +13	+38 / +23	+45 / +23	+58 / +23	+52 / +37	+59 / +37	+72 / +37
100	120															
120	140	±9	±12.5	±20	+21 / +3	+28 / +3	+43 / +3	+35 / +15	+40 / +15	+55 / +15	+45 / +27	+52 / +27	+67 / +27	+61 / +43	+68 / +43	+83 / +43
140	160															
160	180															
180	200	±10	±14.5	±23	+24 / +4	+33 / +4	+50 / +4	+37 / +17	+46 / +17	+63 / +17	+51 / +31	+60 / +31	+77 / +31	+70 / +50	+79 / +50	+96 / +50
200	225															
225	250															
250	280	±11.5	±16	±26	+27 / +4	+36 / +4	+56 / +4	+43 / +20	+52 / +20	+72 / +20	+57 / +34	+66 / +34	+86 / +34	+79 / +56	+88 / +56	+108 / +56
280	315															

续上表

公称尺寸(mm)		常用公差带												
		js			k			m			n			p
大于	至	5	6	7	5	6	7	5	6	7	5	6	7	5	6	7
315	355	±12.5	±18	±28	+29 +4	+40 +4	+61 +4	+46 +21	+57 +21	+78 +21	+62 +37	+73 +37	+94 +37	+87 +62	+98 +62	119 +62
355	400															

公称尺寸(mm)		常用公差带												
		r			s			t		u		v	x	y	z
大于	至	5	6	7	5	6	7	5	6	7	6	7	6	6	6	6
—	3	+14 +10	+16 +10	+20 +10	+18 +14	+20 +14	+24 +14	—	—	—	+24 +18	+28 +18	—	+26 +20	—	+32 +26
3	6	+20 +15	+23 +15	+27 +15	+24 +19	+27 +19	+31 +19	—	—	—	+31 +23	+35 +23	—	+36 +28	—	+43 +35
6	10	+25 +19	+28 +19	+34 +19	+29 +23	+32 +23	+38 +23	—	—	—	+37 +28	+43 +28	—	+43 +34	—	+51 +42
10	14	+31 +23	+34 +23	+41 +23	+36 +28	+39 +28	+46 +28	—	—	—	+44 +33	+51 +33	—	+51 +40	—	+61 +50
14	18												+50 +39	+56 +45	—	+71 +60
18	24	+37 +28	+41 +28	+49 +28	+44 +35	+48 +35	+56 +35	—	—	—	+54 +41	+62 +41	+60 +47	+67 +54	+76 +63	+86 +73
24	30							+50 +41	+54 +41	+62 +41	+61 +48	+69 +48	+68 +55	+77 +64	+88 +75	+101 +88
30	40	+45 +34	+50 +34	+59 +34	+54 +43	+59 +43	+68 +43	+59 +48	+64 +48	+73 +48	+76 +60	+85 +60	+84 +68	+96 +80	+110 +94	+128 +112
40	50							+65 +54	+70 +54	+79 +54	+86 +70	+95 +70	+97 +81	+113 +97	+130 +114	+152 +136
50	65	+54 +41	+60 +41	+71 +41	+66 +53	+72 +53	+83 +53	+79 +66	+85 +66	+96 +66	+106 +87	+117 +87	+121 +102	+141 +122	+163 +144	+191 +172
65	80	+56 +43	+62 +43	+73 +43	+72 +59	+78 +59	+89 +59	+88 +75	+94 +75	+105 +75	+121 +102	+132 +102	+139 +120	+165 +146	+193 +174	+229 +210
80	100	+66 +51	+73 +51	+86 +51	+86 +71	+93 +71	+106 +71	+106 +91	+113 +91	+126 +91	+146 +124	+159 +124	+168 +146	+200 +178	+236 +214	+280 +258

续上表

公称尺寸 (mm)		常用公差带												
			r			s			t	u		v	x	y	z
大于	至	5	6	7	5	6	7	5	6	7	6	7	6	6	6	6
100	120	+69 +54	+76 +54	+89 +54	+94 +79	+101 +79	+114 +79	+110 +104	+126 +104	+139 +104	+166 +144	+179 +144	+194 +172	+232 +210	+276 +254	+332 +310
120	140	+81 +63	+88 +63	+103 +63	+110 +92	+117 +92	+132 +92	+140 +122	+147 +122	+162 +122	+195 +170	+210 +170	+227 +202	+273 +248	+325 +300	+390 +365
140	160	+83 +65	+90 +65	+105 +65	+118 +100	+125 +100	+140 +100	+152 +134	+159 +134	+174 +134	+215 +190	+230 +190	+253 +228	+305 +280	+365 +340	+440 +415
160	180	+86 +68	+93 +68	+108 +68	+126 +108	+133 +108	+148 +108	+164 +146	+171 +146	+186 +146	+235 +210	+250 +210	+277 +252	+335 +310	+405 +380	+490 +465
180	200	+97 +77	+106 +77	+123 +77	+142 +122	+151 +122	+168 +122	+186 +166	+195 +166	+212 +166	+265 +236	+282 +236	+313 +284	+379 +350	+454 +425	+549 +520
200	225	+100 +80	+109 +80	+126 +80	+150 +130	+159 +130	+176 +130	+200 +180	+209 +180	+226 +180	+287 +258	+304 +258	+339 +310	+414 +385	+499 +470	+604 +575
225	250	+104 +84	+133 +84	+130 +84	+160 +140	+169 +140	+186 +140	+216 +196	+225 +196	+242 +196	+313 +284	+330 +284	+360 +340	+454 +425	+549 +520	+669 +640
250	280	+117 +94	+126 +94	+146 +94	+181 +158	+290 +158	+210 +158	+241 +218	+250 +218	+270 +218	+347 +315	+367 +315	+417 +385	+507 +475	+612 +580	+742 +710
280	315	+121 +98	+130 +98	+150 +98	+193 +170	+202 +170	+222 +170	+263 +240	+272 +240	+292 +240	+382 +350	+402 +350	+457 +425	+557 +525	+682 +650	+822 +790
315	355	+133 +108	+144 +108	+165 +108	+215 +190	+226 +190	+247 +190	+293 +268	+304 +268	+325 +268	+426 +390	+447 +390	+511 +475	+626 +590	+766 +730	+936 +900
355	400	+139 +114	+150 +114	+171 +114	+233 +208	+244 +208	+265 +208	+319 +294	+330 +294	+351 +294	+471 +435	+492 +435	+566 +530	+696 +660	+825 +820	+1036 +1000

注：公称尺寸小于或等于 1mm 时，基本偏差 a 和 b 均不采用公差带 js7~js11，若 It_{Nz} 值数是奇数，则取偏差 $= (IT_n - 1)/2$。

续上表

公称尺寸 (mm)		孔的极限偏差(摘自 GB/T 1800.2—2009)											
		常用公差带											
		F	A	B	C				D		E		
大于	至	11	11	12	11	8	9	10	11	8	9	6	7	8	9
—	3	+330 +270	+200 +140	+240 +140	+120 +60	+34 +20	+45 +20	+60 +20	+80 +20	+28 +14	+39 +14	+12 +6	+16 +6	+20 +6	+31 +6
3	6	+345 +270	+215 +140	+260 +140	+145 +70	+48 +30	+60 +30	+78 +30	+105 +30	+38 +20	+50 +20	+18 +10	+22 +10	+28 +10	+40 +10
6	10	+370 +280	+240 +150	+300 +150	+170 +80	+62 +40	+76 +40	+98 +40	+130 +40	+47 +25	+61 +25	+22 +13	+28 +13	+35 +13	+49 +13
10	14	+400 +290	+260 +150	+330 +150	+205 +95	+77 +50	+93 +50	+120 +50	+160 +50	+59 +32	+75 +32	+27 +16	+34 +16	+43 +16	+59 +16
14	18														
18	24	+430 +300	+290 +160	+370 +160	+240 +110	+98 +65	+117 +65	+149 +65	+195 +65	+73 +40	+92 +40	+33 +20	+41 +20	+53 +20	+72 +20
24	30														
30	40	+470 +310	+330 +170	+420 +170	+280 +170	+119 +80	+142 +80	+180 +80	+240 +80	+89 +50	+112 +50	+41 +25	+50 +25	+64 +25	+87 +25
40	50	+480 +320	+340 +180	+430 +180	+290 +130										
50	65	+530 +430	+380 +190	+490 +190	+330 +140	+146 +100	+170 +100	+220 +100	+290 +100	+106 +60	+134 +60	+49 +30	+60 +30	+76 +30	+104 +30
65	80	+550 +360	+390 +200	+500 +200	+340 +150										
80	100	+600 +380	+440 +220	+570 +220	+390 +170	+174 +120	+207 +120	+260 +120	+340 +120	+126 +72	+159 +72	+58 +36	+71 +36	+90 +36	+123 +36
100	120	+630 +410	+460 +240	+590 +240	+400 +180										
120	140	+710 +460	+510 +260	+660 +260	+450 +200	+208 +145	+245 +145	+305 +145	+395 +145	+148 +85	+185 +85	+68 +43	+83 +43	+106 +43	+143 +43
140	160	+770 +520	+530 +280	+680 +280	+460 +210										
160	180	+830 +580	+560 +310	+710 +310	+480 +230										
180	200	+950 +660	+630 +340	+800 +340	+530 +240	+242 +170	+285 +170	+355 +170	+460 +170	+172 +100	+215 +100	+79 +50	+96 +50	+122 +50	+165 +50
200	225	+1030 +740	+670 +380	+840 +380	+550 +260										
225	250	+1110 +820	+710 +420	+880 +420	+570 +280										

续上表

公称尺寸(mm)		常用公差带												
		F	A	B	C				D		E			
大于	至	11	11	12	11	8	9	10	11	8	9	6	7	8	9
250	280	+1240 +920	+800 +480	+1000 +480	+620 +300	+271 +190	+320 +190	+400 +190	+510 +190	+191 +110	+240 +110	+88 +56	+108 +56	+137 +56	+186 +56
280	315	+1370 +1050	+860 +540	+1060 +540	+650 +330										
315	355	+1560 +1200	+960 +600	+1170 +600	+720 +360	+299 +210	+350 +210	+440 +210	+570 +210	+214 +125	+265 +125	+98 +62	+119 +62	+151 +62	+202 +62
355	400	+1710 +1350	+1040 +680	+1250 +680	+760 +400										

公称尺寸(mm)		常用公差带														
		G		H						Js			K			M		
大于	至	6	7	6	7	8	9	10	11	12	6	7	8	6	7	8	6	7	8
—	3	+8 +2	+12 +2	+6 0	+10 0	+14 0	+25 0	+40 0	+60 0	+100 0	±3	±5	±7	0 −6	0 −10	0 −14	−2 −8	−2 −12	−2 −16
3	6	+12 +4	+16 +4	+8 0	+12 0	+18 0	+30 0	+48 0	+75 0	+120 0	±4	±6	±9	+2 −6	+3 −9	+5 −13	−1 −9	0 −12	+2 −16
6	10	+14 +5	+20 +5	+9 0	+15 0	+22 0	+36 0	+58 0	+90 0	+150 0	±4.5	±7	±11	+2 −7	+5 −10	+6 −16	−3 −12	0 −15	+1 +21
10	14	+17 +6	+24 +6	+11 0	+18 0	+27 0	+43 0	+70 0	+110 0	+180 0	±5.5	±9	±13	+2 −9	+6 −12	+8 −19	−3 −15	0 −18	+2 +25
14	18																		
18	24	+20 +7	+28 +7	+13 0	+21 0	+33 0	+52 0	+84 0	+120 0	+210 0	±6.5	±10	±16	+2 −11	+6 −15	+10 −23	−4 −17	0 −21	+4 −29
24	30																		
30	40	+25 +9	+34 +9	+16 0	+25 0	+39 0	+62 0	+100 0	+160 0	+250 0	±8	±12	±19	+3 −13	+7 −18	+12 −27	−4 −20	0 −25	+5 −43
40	50																		
50	65	+29 +10	+40 +10	+19 0	+30 0	+49 0	+74 0	+120 0	+190 0	+300 0	±9.5	±15	±23	+4 −15	+9 −21	+14 −32	−5 −24	0 −30	+5 −41
65	80																		
80	100	+34 +12	+47 +12	+22 0	+35 0	+54 0	+87 0	+140 0	+220 0	+350 0	±11	±17	±27	+4 −18	+10 −25	+16 −38	−6 −28	0 −35	+6 −48
100	120																		
120	140	+39 +14	+54 +14	+25 0	+40 0	+63 0	+100 0	+160 0	+250 0	+400 0	±12.5	±20	±31	+4 −21	+12 −28	+20 −43	−8 −33	0 −40	+8 −55
140	160																		
160	180																		

续上表

公称尺寸 (mm)		常用公差带															
		G		H						Js			K			M		
大于	至	6	7	6	7	8	9	10	11	12	6	7	8	6	7	8	6	7	8
180	200	+44 +15	+61 +15	+29 0	+46 0	+72 0	+115 0	+185 0	+290 0	+460 0	±14.5	±23	±36	+5 −24	+13 −33	+22 −50	−8 −37	0 −46	+9 −63
200	225																		
225	250																		
250	280	+49 +17	+69 +17	+32 0	+52 0	+81 0	+130 0	+210 0	+320 0	+320 0	±16	±26	±40	+5 −27	+16 −36	+25 −56	−9 −41	0 −52	+9 −72
280	315																		
315	355	+54 +18	+75 +18	+36 0	+57 0	+89 0	+140 0	+230 0	+360 0	+360 0	±18	±28	±44	+7 −29	+17 −40	+28 −61	−10 −46	0 −57	+11 −78
355	400																		

公称尺寸 (mm)		常用公差带											
		N			P		R		S		T		U
大于	至	6	7	8	6	7	6	7	6	7	6	7	7
—	3	−4 −10	−4 −14	−4 −18	−6 −12	−6 −16	−10 −16	−10 −20	−14 −20	−14 −24	—	—	−18 −28
3	6	−5 −13	−4 −16	−2 −20	−9 −17	−8 −20	−12 −20	−11 −23	−16 −24	−15 −27	—	—	−19 −31
6	10	−7 −16	−4 −19	−3 −25	−12 −21	−9 −24	−16 −25	−13 −28	−20 −29	−17 −32	—	—	−22 −37
10	14	−9 −20	−5 −23	−3 −30	−15 −26	−11 −29	−20 −31	−16 −34	−25 −36	−21 −39	—	—	−26 −44
14	18												
18	24	−11 −24	−7 −28	−3 −36	−18 −31	−14 −35	−24 −37	−20 −41	−31 −44	−27 −48	—	—	−33 −54
24	30										−37 −50	−33 −54	−40 −61
30	40	−12 −28	−8 −33	−3 −42	−21 −37	−17 −42	−29 −45	−25 −50	−38 −54	−34 −59	−43 −59	−39 −64	−51 −76
40	50										−49 −65	−45 −70	−61 −86
50	65	−14 −33	−9 −39	−4 −50	−26 −45	−21 −51	−35 −54	−30 −60	−47 −66	−42 −72	−60 −79	−55 −85	−76 −106
65	80						−37 −56	−32 −62	−53 −72	−48 −78	−69 −88	−64 −94	−91 −121

续上表

公称尺寸 (mm)		常用公差带										
		N			P		R		S		T	U
大于	至	6	7	8	6	7	6	7	6	7	6	7	7
80	100	−16 −38	−10 −45	−4 −58	−30 −52	−24 −59	−44 −66	−38 −73	−64 −86	−58 −93	−84 −106	−78 −113	−111 −146
100	120						−47 −69	−41 −76	−72 −94	−66 −101	−97 −119	−91 −126	−131 −166
120	140	−20 −45	−12 −52	−4 −67	−36 −61	−28 −68	−56 −81	−48 −88	−85 −110	−77 −117	−115 −140	−107 −147	−155 −195
140	160						−58 −83	−50 −90	−93 −118	−85 −125	−127 −152	−119 −159	−175 −215
160	180						−61 −86	−53 −93	−101 −126	−93 −133	−139 −164	−131 −171	−195 −235
180	200	−22 −51	−14 −60	−5 −77	−41 −70	−33 −79	−68 −97	−60 −106	−113 −142	−105 −151	−157 −186	−149 −195	−219 −265
200	225						−71 −100	−63 −109	−121 −150	−113 −159	−171 −200	−163 −209	−241 −187
225	250						−75 −104	−67 −113	−131 −160	−123 −169	−187 −216	−179 −225	−267 −313
250	280	−25 −57	−14 −66	−5 −86	−47 −79	−36 −88	−85 −117	−74 −126	−149 −181	−138 −190	−209 −241	−198 −250	−295 −347
280	315						−89 −121	−78 −130	−161 −193	−150 −202	−231 −263	−220 −272	−330 −382
315	355	−26 −62	−16 −73	−5 −94	−51 −87	−41 −98	−97 −133	−87 −144	−179 −215	−169 −226	−257 −293	−247 −304	−369 −426
355	400						−103 −139	−93 −150	−197 −233	−187 −244	−283 −319	−237 −330	−414 −471

注：公称尺寸小于1mm时，各级的A、B均不采用。

参 考 文 献

[1] 《机械制图》国家标准[DB].北京:中国标准出版社,2008.
[2] 《技术制图》国家标准[DB].北京:中国标准出版社,2008.
[3] 武晨光,蔡晓光.机械制图[M].长沙:国防科技大学出版社,2017.
[4] 王晨曦,机械制图[M].北京:北京邮电大学出版社,2017.
[5] 单士睿,机械制图与识图[M].山东:中国石油大学出版社,2016.
[6] 衣玉兰,支姝.机械制图[M].北京:人民交通出版社股份有限公司,2017.
[7] 李永芳,叶钢.机械制图[M].北京:人民交通出版社,2011.
[8] 刘力.机械制图[M].北京:高等教育出版社,2008.
[9] 冯建平,郑小玲.机械识图[M].北京:人民交通出版社股份有限公司,2016.
[10] 唐好.机械制图与计算机绘图[M].北京:人民交通出版社,2003.
[11] 王升平,刘小娟.汽车机械识图与公差配合[M].北京:人民交通出版社,2012.
[12] 叶钢.工程制图[M].北京:清华大学出版社,2007.
[13] 叶钢.汽车机械识图[M].昆明:云南人民出版社,2010.
[14] 徐玉华.机械制图[M].北京:人民邮电出版社,2006.
[15] 路志芳.机械制图[M].北京:电子工业出版社,2008.
[16] 何铭新,钱可强,徐祖茂.机械制图[M].北京:高等教育出版社,2010.
[17] 马晓湘,钟均祥.画法几何及机械制图[M].广州:华南理工大学出版社,2000.
[18] 郭建斌.机械制图[M].北京:中国水利水电出版社,2008.
[19] 涂晓斌,钟红生,习俊梅,等.机械制图[M].南昌:江西高校出版社,2007.
[20] 朱林林,钱志芳.机械制图习题集[M].北京:北京理工大学出版社,2006.
[21] 张大庆.画法几何基础及机械制图习题集[M].北京:电子工业出版社,2006.